光尘
LUXOPUS

人生总会有答案

金惟纯

金质灵　金默蓝　著

国际文化出版公司

·北京·

图书在版编目（CIP）数据

人生总会有答案 ／金惟纯，金质灵，金默蓝著． －－
北京：国际文化出版公司，2024.1（2024.1重印）
ISBN 978-7-5125-1552-9

Ⅰ.①人… Ⅱ.①金…②金…③金… Ⅲ.①人生哲
学－通俗读物 Ⅳ.①B821-49

中国国家版本馆CIP数据核字（2023）第195747号

人生总会有答案

作　　者	金惟纯　金质灵　金默蓝	
责任编辑	侯娟雅	
出版发行	国际文化出版公司	
经　　销	国文润华文化传媒（北京）有限责任公司	
印　　刷	三河市中晟雅豪印务有限公司	
开　　本	880毫米×1230毫米	32开
	9.75印张	178千字
版　　次	2024年1月第1版	
	2024年1月第2次印刷	
书　　号	ISBN 978-7-5125-1552-9	
定　　价	65.00元	

国际文化出版公司
北京朝阳区东土城路乙9号　　　　邮编：100013
总编室：（010）64270995　　　　传真：（010）64270995
销售热线：（010）64271187
传真：（010）64271187-800
E-mail：icpc@95777.sina.net

时间不是用来完成事的，

也不是用来凑热闹的，

而是用来经历、体验的。

序

序一（金惟纯） ／ 序二（金质灵） ／ 序三（金默蓝）

上篇：爱的流淌

第 1 封信 | 你因爱而生　3

第 2 封信 | 为人父母的课题　10

第 3 封信 | 作为家长的样子　18

第 4 封信 | 尊重孩子的感受　27

第 5 封信 | 健康的性与爱　38

第 6 封信 | 在亲密关系中共修　49

第 7 封信 | 无关输赢　56

第 8 封信 | 温柔的告别　67

第 9 封信 | "修"成正果　78

中篇：尊重选择

第 10 封信 | 不厉害也无妨　89

第 11 封信 | 卸下枷锁　98

第 12 封信 | 自信与谦虚　106

第 13 封信 | 与人相伴　113

第 14 封信 | 在理想与现实之间　120

第 15 封信 | "非主流"的轨道　129

第 16 封信 | 心中的"圣城"　137

第 17 封信 | 不要抵触商业　146

第 18 封信 | 寻找事业伙伴　156

第 19 封信 | 义无反顾就是正确的选择　163

下篇：活好自己

第 20 封信 | 走出童年的恐惧　175

第 21 封信 | 找到自己的剧本　181

第 22 封信 | 向内探索　188

第 23 封信 | 当人生"卡住"……　196

第 24 封信 | 时间的用意　225

第 25 封信 | 把事"做进去"　236

第 26 封信 | 人比钱"大"　242

第 27 封信 | 成为一个完整的"人"　251

第 28 封信 | 修习"欢喜心"　260

第 29 封信 | 满足需求的喜悦　268

第 30 封信 | 意义是"活"出来的　278

后记　287

序一

金惟纯 |

2022 年初，我因工作的缘故长住北京，和在中国台湾的大女儿质灵以及远在美国的二女儿默蓝相隔三地。在我的提议下，父女三人相约书信交流。接下来的一年，两个女儿共写了三十几封信，我也一一回复，累积了十几万字。这就是本书的由来。

质灵出生于 1987 年，默蓝出生于 1997 年，两人相差 10 岁，成长经历不同，关注的问题也不一样。她们在信中的分享和提问，包括当前人生面临的处境和困惑、父女关系一路走来的转变与回忆、各自成长中留下的各种人生印记等，而我也在回信中交代了自己从小到大所见、所思、所感、所为。换句话说，是父女共同回顾了跨越七十年的时代变迁，也对未来即将面临的诸多议题，提出了各自的观点和解决方案。

在书信交流过程中，我对两个女儿有了更深入的了解，有机会更完整地表达，甚至化解了过去留下的各种心结，整合了两代人各个层面的诸多分歧，这都是其他交流方式做不到的。

我个人在其中，收获巨大。

我很感谢两个女儿愿意"配合"爸爸做这件事，在今天的时代，这是很不容易的。而我们有机会做这件事，也是因为我在十余年前投入人生学习的旅程，学习倾听、学习尊重、学习自我剖析、学习呈现脆弱、学习完整表达，并与两个女儿一起练习的结果。

把父女书信公之于众，出版本书，也有一点提倡恢复"家书"传统的意图。"家书"曾是中国人传承家风的重要形式，留下了许多经典文本。在当今社会，父母子女相隔两地者更甚从前，即便同处一室，往往也只剩下短信、视频的问候寒暄，亲子关系淡漠疏离，更别说什么家风传承了。而我们父女三人，通过书信的形式交流，则似乎有点"共创家风"的味道。如果有人因为读了本书，开始写起家信来，那就是我们最期待发生的事。

年轻的读者，可以参考女儿跟我写信的方式，试着跟自己的父母写信；年长的读者，可以参考我跟女儿表达的方式，试着给自己的子女写信。我们父女都从书信往来中受益颇多，觉得这是件值得花时间做的事，也懊恼为什么没有早些开始做。

身为人父，我个人绝非典范。在两个女儿的成长过程中，我曾漫不经心、自以为是、年少轻狂，以至于给她们造成了诸多创伤，也留下了不少遗憾。但我很庆幸虽然为时甚晚，仍有机会稍事弥补。在本书即将出版的此刻，当我想起两个女儿，心中只有感恩：感谢你们，让我今生有机会体验做父亲的感受、学习做父亲的功课。

感谢好友樊登的鼓励，感谢国文传媒鲁良洪董事长和光尘文化慕云五兄的支持，感谢参与本书制作的所有编辑。没有你们，就不会有这本书。感谢所有读这本书的朋友们，没有你们，这本书就没有价值。

序二

金质灵 |

十年前，爸爸刚刚出完一本畅销书。没多久后的一日下午，爸爸真挚地对我发出了一个邀请："有没有兴趣跟爸爸一起出一本书？关于我们父女的对话，一起探讨生命中会触及的重要事。相信真诚的亲子对话会对人很有帮助。"

我当时激动且不可置信，受宠若惊之余，自我怀疑扑面而来："我真的可以吗？"

也许爸爸也不知道我是否能够胜任与他平衡"对话"，但他希望我也可以展现自己的才华与可能性，所以放胆拿自己的信用和声誉托住我，邀请我站上一个不是因为他、我以往不会有机会站上的位置，与他一起探讨人生的重要课题。

然而最后的事实是，当时那"对话"，某种程度上来说确实"失败"了。其原因不仅在于彼此的见识、观念、想法、阅历差距甚大，更在于在单刀直入的灵魂拷问前，我们才赫然发现，原来父女关系中有那么多的创伤埋藏在深处，在对这些污泥会浮现出来完全没有心理准备的情况下，双方纷纷"中箭落马"：不是激动的争论，就是溃堤的泪水；不是无奈的叹息，就是冰冷的沉默……

对如实记录的文稿我们都不满意，写作的过程也十分挫败。就这样，这件事默默搁置了一年。最终出版社建议把"父女对话"改成"亲子问答"，决定把所有内容改成女儿相对比较"礼貌"与"安全"的提问，仅仅具有让爸爸有个引子可以把他的智慧表达出来的功能，让有缘人能够看到这些内容。

虽然最终以单向的"问答"取代了双向的"对话"，但父女都收获了非常珍贵的礼物。原来真诚而平衡的亲子沟通比我们想象的困难许多，不仅需要双方都理性而优雅，更需要足够的勇气和智慧托住这个好的起心。也许我们确实很需要在生活中练习敞开且非暴力的"对话"，或者也许更深层次的部分是"好好面对这份关系"，好好去呵护我们之间这份带有伤痛的爱，以及如何疗愈并超越它。

如今，十年过去了，爸爸的书《人生只有一件事》大获好评，我自然开心随喜，在为爸爸欢呼之际，爸爸居然又提出了邀请："想不想再和我一起写一本书？"我心想："什么？！不会吧？！"

我忧虑又会如之前合作的情形一样，爸爸却鼓励我放胆再试一次。我的心里终于有个东西松开了，决定在爸爸的信任里纵身一跃，仅问道："那这次，您觉得我们可以好好'对话'了吗？"

他说："我们只要让一切真实。让我们保持真实，真实才是对人有帮助的！"

感谢光尘文化编辑的邀请，并在他们的发想和建议下，有了妹妹默蓝的加入。

这十年间，我组成了家庭，成为妻子与母亲，进入了人生新阶段，对生命也有了不同以往的关注与洞察。特别感谢妹妹代表九〇后提出那个年龄独有的洞见，在这些对话中，我们更认识彼此，而我也在他们的对话中饱受启发与触动。

感谢过往的经验累积，我们细心地讨论着，该如何让"对话"真正发生，而不再如以往般只有爸爸独自输出想法。分隔三地的我们决定以书信的方式展开交流，以"家书"的形式承载每个人的独立思考；爸爸也给出了空间，希望由女儿们"主动"开启任何想探讨的生命议题。

如今身为人母的我，自以为能以成熟高雅之姿进行对话，或适时做个理性超然的聆听者，却不幸事与愿违，在多封书信写作的过程中，我以止不住的眼泪净化着自己，净化着我们父女的关系，其中有感动的泪水，也有悲伤委屈的泪水。这出乎意料的内在流动，让我特别庆幸，这一切是以文字的方式进行，得以温柔无声。

我这才领悟到，原来很多看似来自外部世界的纠结或痛楚，其实都取决于我解读世界的方式，而真正的和解发生在内心，是与自己的和解。

没想到，十年后的我，再次因与爸爸共同书写，而重新脱去好几层皮，得以从中蜕变、绽放。其中最大的收获是，整个过程帮助了我，让我成为一个越来越喜欢自己的"母亲"。

我和女儿的关系更加美好自在了。我发现，原来想要改善自己和孩子的亲子关系，其实首先要改善自己与父母的"亲子关系"，或许，让爱从上一辈的关系中流动至下一辈，才是最顺畅省力的亲子教育。

也许爸爸在邀请我们一起写家书之际，就早已料想到了吧？没办法，这就是这位身为我爸爸的男人表达爱的方式！

如果阅读本书的你，能够从我们的生命书写中得到疗愈与支持，那真的就太好了！

序三

金默蓝 |

我爸很会讲故事，我也很喜欢听，总觉得应当予以记录。

小学四年级时，记得有一回，我坐在爸爸沙发椅的扶手上，手里拿着一本笔记，说将来想当记者，希望采访爸爸以为练习。他便很乐意地回答着问题，讲各种故事给我听。日后，即使上了大学，已经工作，也早已打消了当记者的念头，我仍然时常打电话和爸爸聊天，听他说故事。如今，还有未婚夫滢滢，也在一旁倾听。

感谢编辑们的邀约，让我有机会在此正式"采访"爸爸，分享他的家庭闲谈。唯一与儿时不同的是，如今的互动，不再是"单向问答"，而是"双向对话"。篇幅完整的叙述，也让我和爸爸能够系统地、完整地表达想法。有了这种深度的交流，我们相互了解的程度因而更胜于过往。

书写文字，是一种奢侈的行为。在当今世界尤其如此。在生活中，总有千头万绪在意识之间来往。这么想，那么想，好像怎么想都有道理，可是怎么想又都不服帖。多半的思考都产生于晨跑的半路上，或者地铁里耳机的声响中，又或者工作时恍惚的刹那间，而少有在深刻的沉思中。

用书写的方式，我终于得以安静地坐下来，将内在空间的杂物向白纸上一摊，尽收眼底，逐一拾起，细细观察。有时，将看似矛盾的想法摆上相对妥帖的位置，便发现它们原来并存于各自的维度之上，其实没有矛盾。有时，神来一笔，浮游的谜团便瞬间澄清下来。也有些事情，原本就是混沌，存在于半梦半醒的黎明世界，拒绝逻辑之管束，只有以静默的姿态，聆听其中的诗韵，才能卸下对其条分缕析的执迷。还有些事情，百思不解，如何整理、调节都感到难受，那么就去问问老人家罢了。无论如何，归档于纸本的念头，暂且不再占用脑容量，心思自然清静；而更重要、有用的结论，则通过书写的过程，镶入心坎。因此，写"家书"给爸爸，对我而言是一个内在整理的过程。

感谢好友艾斯和奥尔加，数个周六陪我到图书馆写信，这真是一段静默美好的时光。有好友相伴，前往各自的目的地，不亦乐乎。

最后，想问问老天，我好像没做什么特别的事情，却拥有如此难得的话语权，该为读者带来什么呢？我什么也没有，只是生在如此的家庭，有这么一个爸，这样的姐妹，演出几十亿人海之中的一部人生戏剧而已。只希望也许可以为您，同行于红尘之中的旅人，带来一点共鸣、想象、正反面教材，或者茶余饭后的逗趣。

上篇：爱的流淌

第 1 封信 | 你因爱而生

亲爱的爸爸：

不知道您是否记得，大概是我二十岁出头时，您从台湾《商业周刊》退休了，开始了全新且全方位的探索。您当时探索的主题是去了解"教育"，所以拜访了许多有趣的老师和名家，也参与了许多身心成长课程一探究竟。记得从那时起，您每次有了新的发现之后，通常我就有机缘接着去体验。爸爸是想请我去体验后给予反馈，最后我们都在整个过程中受益无穷，我想是因为我们都理解到，我们自身确实都需要学习各种方法来照顾自己，让自己活得更好。也是那时候开始，我们除了是父女外，也成了一同共修和成长的朋友。

要感恩爸爸当时给出的一系列邀请，让我有机会第一次认识了伯特·海灵格的家庭系统排列。这是我最受益的一个学习课程。

这些年来，我通过理解家庭序位的重要性，迎来了巨大却温柔的蜕变。会说温柔，是因为理解其中的智慧后，需要慢慢地体悟和实践，其实要花上不少的时间练习、再练习，进而内化在生命里，大部分时候并不一定会在当下发生什么戏剧化的位移，但是多年后回头看，改变却是巨大的。原来许多生命中当下觉得难以度过的坎，就这样默默消融了。

今天特别想要跟爸爸提起，在家庭系统学习的道路上，一个对我来说非常重要的感悟。

就在一年前，我在家庭系统的课程中，提出了一个想要探索的议题，记得是跟工作与金钱有关。在学习的过程中，通过代表者，我看见了您和我妈妈站在我的面前，各自有着各自的伴侣，带着爱的眼神望着我。我知道您和妈妈都非常爱我，用你们各自的风格与力量爱着我。但是，你们之间在我有记忆以来，就是没有关联的，唯一的关联只有我，因为你们是给我生命的父母。对我来说，这个陈述再理所当然、再自然不过。

但是就在过程即将结束之际，带领的老师做了一个暂停，居然做了一个令我震惊的突破性调整。老师将您的手从现任伴侣（阿姨）的肩头上轻轻拿下，放在了我妈妈的肩头，也将妈妈肩头上现任伴侣（Jimmy 爸爸）的手先暂时拿下，并让妈妈的手轻轻搭在爸爸的腰上。

这个动作的调整，所代表的意义是，在这个时空当下，站在我面前的你们，代表的是一个共同体。看到这个意象的我，瞬间转入了一个巨大的感受之流，难掩突如其来的情绪，我就这样弯下腰掩面掉下了好多从心底深处来的眼泪，内心有一个好清晰的声音："原来，我不是因恨而生，我是因为爱而来到这个世界，我是因爱而生的孩子。"

我才惊讶地发现，从小不曾见过自己的父母在一起或有和谐的关系，对我的影响不是仅有表面的困扰，而其实影响如此之深。原来我的潜意识里甚至藏着自己其实不应该被生下来的念头，我的出生让两个爱我但不喜欢彼此的人如此痛苦和困扰，我不值得拥有一切美好和祝福。

而看到父母和谐相依的意象，我却又是如此熟悉，像是我本来就知道，只是忘记了。这个画面让我的记忆再次被唤醒，想起了一个真相：我是因爱而生，"我是个麻烦和不值得存在的生命"这个念头是谎言。

还记得课程结束后，我马上打电话给爸爸，述说我惊人的发现和体验，您还在电话的另一端，慷慨地分享了关于我出生前，您和母亲相识相爱的过程，那些都是我不曾听过的故事，虽然维持不长但是绝对轰轰烈烈，如电影情节一般。

我问爸爸为何之前不曾跟我说过这些故事，您说因为之后的过程有太多不愉快，虽然现在想想也都是古老的过往，但是却让人不愿想起曾经有过短暂绚丽的浪漫过程。

听到这些故事的我，就像一个考古学家意外发现了世界的真相，我反思是不是其实自己在生活中真的为自己默默地编造了许许多多的谎言，更遗憾的事情是自己还是不自知，觉得自己对生命的陈述是真实不虚的。

就像孩子时的我，心里有过一个"我的父母是彼此的敌人，他们不曾相爱"的念头后，就一直不断地刻画，甚至还觉得自己出生也是个错误，进而觉得自己是一个不受祝福的生命，不值得拥有喜悦和荣耀的生活。这样的念头，成了一个隐隐的痛，大大影响了我的生活，以至于错过了好多可以享受生命的青春时光。说实在话，我现在依然不时被这样的念头召唤，只是我现在可以自觉地与这个声音拉开距离，选择不再认同。

现在只要我又开始对自己的生命做"陈述"的时候，就会跟自己喊停。既然陈述的力量如此之大，那我要重新对自己做一个满意的陈述。

谢谢爸爸带给我如此丰盛的生命体验，我想您、妈妈和宇宙都很信任我的能力，我是被爱且自爱的。

质灵

质灵：

　　我记得那次课程后的分享和接下来的探问。在那之前，我当然意识到，你的自我价值感必定受到幼年父母离异的影响，但我没想到，你会编造出自己"因恨而生"的人生剧本。还好你问了我，还好我有机会跟你说。如今的你足够成熟，我愿意借这封信跟你再多说一些。

　　我和你母亲原是活在两个不同世界的人，生活圈不同，价值观不同，个性、作风也不同。在正常的状态中，两人此生不可能有任何交集。我们会在纽约相恋，其实是人生不可解的谜。大约的情节，是一个落魄书生和一个失去舞台的艺人，在远离一切社会束缚的异乡的大雪纷飞中偶遇，不顾一切地用澎湃的热情相濡以沫，沉溺于超现实的浪漫恋曲，其余一概不想。在疯狂相恋一段时间后，却发现彼此完全无法相处……你说这段关系"有如电影情节"，的确如此，我以前也这么想过，理论上故事到此就该结束，以免"歹戏拖棚"；最差的结局，有可能像《巴黎最后的探戈》那样悲剧收场。

　　但这一切，因为你而完全改变。在确认怀了你之后，我和你妈妈很勇敢地在两周内就去纽约市政厅登记结婚，然后带着肚子里的你，返回台湾就业、安居，过起小家庭生活来。为了迎接你的出生，我们在偶尔的激烈冲突之外，都努力地经营夫妻关系，营造温馨家庭氛围，尽可能让一切"看起来正常"。你的诞生，也的确带来了浓厚的爱的氛围，成为家庭生活的重心。因为一起照顾你，也更加巩固了我们必须相爱的理由，认真留下了一段美好的家庭生活回忆。结果，如你所知道的，因为诸多原因，我们的努力最后还是失败了。

重提这一段，是希望让你知道。你不仅是在爱中诞生，而且只为爱而生；更重要的，因为你，让我和你妈妈有机会重新学习如何去爱；因为你，我们虽然分手了，但没资格放弃，直到今天，还在学习中。我希望你能看到，在我们这个已经解体的小家庭关系中，你一直是主角，我和你妈妈是配角。虽然配角演得有点荒腔走板，仍然不妨碍主角把这出戏演得精彩。我相信你可以，而且你好像已经做到了。

讲到这里，我想起几年前的一个小插曲。当时我和你妈妈不约而同到深圳探望你，你约了我们一起吃晚餐，自己下厨，餐后我和你妈妈聊起过往相处时的各种荒唐事（事发当时可是"惊涛骇浪"），一伙人笑翻到在地上打滚，一直聊到半夜才结束。当时你小爸（继父）和你老师也躬逢其会，阴错阳差的，好像你人生当中最重要的人都在场。这场景很像电影情节：事过多年后，应主角的剧情需要，所有的配角，包括重要的观众，全部重新聚在一起，配合主角加演续集。如今你结婚了，夫妻感情很好，又让自己的女儿在爱中成长。这续集迄今为止，看起来剧情已经大反转，有机会变成家庭伦理偶像剧，很令人欣慰。

质灵，真的很感谢你，你用自己的做到，换得父母不需要再跟你说抱歉。当然，我内心仍对你成长过程造成的影响有愧疚，但我不后悔，也无遗憾，这是你送给我的大礼。谢谢你！

最后，也想趁机分享一下我自己的体验和心得。

我也曾在类似课程中，看到被排列出来的父母相拥的画面，其带来的冲击可想而知。但我根本没见过自己的生父，怎么可能想象这样的画面呢？可这个画面，却印证了我童年时的念头：母亲这一辈子最爱的人，一定是我。

不管她如何严厉管教，不管我内心如何愤怒和不服，我从没怀疑过她最爱的人是我。因为母亲 17 岁嫁给父亲，婚后立刻怀了我，然后父亲意外身亡。我相信她对父亲留下的记忆，一定是充满爱的，而我是父亲留下的唯一爱情"纪念品"，她又怎么可能不爱我？所以我的人生剧本，是我因爱而生，这让我无论受到别人的任何对待，都无妨与生俱来的价值。我很感谢自己从小就是这么想的，也感谢你现在愿意这么想。

爸爸

第 2 封信 | 为人父母的课题

质灵的信

爸爸：

记得在我 28 岁左右的时候，我们聊过婚姻和生育的事情。您有一个观点我印象很深刻，那时候您说，结不结婚并非必须，但"为人父母"这一站，却是人生旅途中的"必玩景点"。特别是我身为一个"女人"。爸爸虽然不是女人，但是总觉得一个女人可以体验怀孕、生产和为人母的过程，想必是一种丰盛又神圣的生命体验，希望我可以深入并慎重思考这一课题，不要轻易错过。

诚实地说，虽然我当时对您说的话持保留态度，但是我还是把爸爸的话先收进心里的"待消化区"，好好让它放着发酵，因为当年我还是爱情至上，是否要孩子还不是我的人生选择题。

现在，您的孙女已经三岁半了，进入第一叛逆期。

我必须诚实地说，过去这三年多，是我人生当中最美好的三年。原因并非这三年一切圆满顺利，相反，是因为在每天面对不间断的挫败、茫然、疲惫，甚至绝望的同时，保持着全然的愿意、无悔、负责。

回想起来，确实是爸爸当时的那句"不要轻易错过。"在我内心隐隐发酵了。冲着这句话，我不仅没有错过生而为母的机会，而且尽可能投入去游历整个"为母"风景中的任何小巷小弄。

在怀孕期间，我将觉知带入为自己做的每一餐、起的每一念、说的每句话乃至接触的每个人，因为我知道我正与一个生命共享我的身体，即使我什么都不懂，这个生命也信任我做她的母亲，信任我会为她负起全然的责任。我很感谢我们选择了居家自然生产，在最自在、最安稳的环境迎接孩子的到来。在我妈妈的陪同下，泰元（孩子的爸爸）亲手接生了果果。我还记得，她出生后一小时，爸爸也带着我妹妹来了，在温馨的氛围下一起分享这个对每个人都很神奇的体验。

从孩子出生的那一刻起，面对着最精密、最脆弱的美丽造物，我和泰元就像两个傻瓜。我们自己坐月子，茫然地摸索怎么哺乳，怎么一件件手洗尿布。忙得团团转，两个星期几乎没有睡过一个整觉。记得爸爸当时看我们如此狼狈，还笑我们两个人居然都搞不定一个婴儿，我生气地说还不是因为我小时候您都把我丢给保姆，以至于从不知带孩子的辛苦之处。当时您摸摸脑袋说："好像也是。我当时就觉得那些都不是我的事，只要交给专业的人就好，难怪不记得累。好吧！佩服你们！"

其实我从前的个性是很容易放弃的。我曾经一度找不到内在的自我价值感，所以做事情只要感到无趣、遇到挫败、没有进展，就很容易放弃。人生有太多事情确实是有后路的，但我现在才知道，想逃就能逃的时候，原来错过的比得到的还多。为人母这条路没有后路，不论我是什么样的母亲，我们的关系是永远确定的，这份关系像树根一样深深扎在土里，让我无法逃避，而这扎实的修炼也让我终于用自己的"做到"长出了真实的力量。

这三年，常常会想起爸爸说的"不要轻易错过为人父母"，我真心感谢爸爸的这个提醒，体验到有机会为人父母，让我真的此生无憾，也期待着接下来在孩子的不同成长阶段所带来的丰富体验。我也因此好奇，不知道为人父对爸爸来说又是一个怎么样的体验呢？面对着三个生命状态截然不同的女儿，身为父亲，您对自己又有什么样的体悟？

质灵

质灵：

我的一句提醒，居然对你产生这么大的影响，老爸太高兴了，这真是身为人父的高光时刻。谢谢你送我这个礼物。

你好奇我身为三个女儿的父亲，到底有什么体验，这真是大哉问，让我着实思考了许久。

首先浮出脑海的画面，是前一阵子在我主持的课程中，邀请所有学员说出自己人生最得意的事。

我居然脱口而出："我是三个女儿的好爸爸！"

这话说出口后，自己也吓了一跳：我怎么就是个好爸爸了？好爸爸怎么就变成我人生最得意的事了？这是我吗？

过去的我，一定会说人生最得意的是自己是一个好作家、好老板、好老师，这些可都是有公论的，至于做爸爸这件事……顶多比上不足比下有余，又有什么好拿出来说的？

那我为什么会这么说呢？可能的原因也许是：我做的其他事，都是人生设定的目标，而且是自觉擅长、可以达成的，唯独做爸爸这件事，好像是人生的一个意外旅程，却越走越有滋味，越走越得意。

当然，我说自己是好爸爸，难免有自我感觉良好之嫌。对于"好爸爸"，我的标准也蛮低：第一，女儿们有话都会找我说，而且无话不可说；第二，在做爸爸这件事上，我还在学习、进步、成长中，且应该会越来越好。如此而已。

先说一下家庭的基本情况。你两个妹妹，一个比你小10岁，一个比你小16岁，有跨世代差距，而且你们三人个性大相径庭，几近不同人种。尤其，我在你两岁多的时候跟你妈离婚，你成长的过程，我没有机会参与。身为这样三个女儿的爸爸，一路走来，我也挺不容易的，所以能有今天这样的"成果"，才难免要得意。

在做爸爸这件事上，我起点不高。我一出生就是遗腹子，四岁多母亲带着我改嫁，继父沉默寡言，很少和我说话。所以基本上，我小时候看到的，是一个男性家长认真工作、赚钱养家，不需要再做什么，就自然在家中享有崇高地位。子女该如何尊敬和孝顺父亲，是母亲的教导责任。我印象中所谓的"父亲"，不过就是这样。

更何况，因为你奶奶对我管教很严格，而我又不太受教，小学就开始叛逆，整天往外面跑，根本不想回家，所以我自小人生的重心都是往外追求，完全没有幸福家庭的向往。

因此，做好爸爸这件事，我没放在心上，也没设定为目标，更没排进人生进程。无奈事与愿违，由于时代的改变，我老婆不像上一辈女性一样，会在家中树立老公的父亲地位。想要女儿跟我亲近，我只能自力救济。这是我原先没想到的。

虽然如此，初为人父仍然十分享受。我还记得，当护士从产房里把你推出来时，你犹如打完一场大仗，疲惫不堪地闭着眼睛，冥冥中好像知道我在看着你，张开了眼睛，深深地与我对望，好似两个老灵魂，在历经沧桑后重逢相认。那一刻，我体验到"做父亲"是生命中很神秘的一件事。

在你婴儿时期，我热情地参与照顾你的所有事（在工作之余），喂奶、换尿布、洗澡、哄睡觉、陪伴游戏……十分享受做父亲的感觉，而且认为这是我的权利，不容剥夺。

印象最深的，是你一岁多的时候，每当我们单独玩耍，两人对看一眼就心领神会，一起大笑。

那种没有语言和头脑的深度交流，是在成人世界中找不到的。那时候，只要我专注陪伴，你常带我走进伊甸园，品尝活在当下的生命滋味。

有了这种和婴儿"相处"的神秘体验，我十分珍惜，在你两个妹妹身上也如法炮制，依然得到无限滋养。

虽然如此，在我人生的壮年时期，外在的挑战和诱惑实在太大，挫败难免带来腐蚀，风光则更加让人自以为是。我带着外在世界的熏染，面对在青春期中躁动的女儿们，变成了一个心不在焉又没耐性的半缺席父亲。还好我有三个好女儿，你们各自用自己的方式，度过了爸爸半缺席的时光，各自走出了各自的路。

我做爸爸的第三阶段，开始于十多年前。那时候我放下了自己创办的事业，走上了生命学习的道路。

在这条路上，我的生命基调变了，我的心性也转了，因此重新认识到，"为人父"这件事，是我人生的必修课。

在这个阶段，我和你们三姐妹的关系也发生很大变化，尤其是你。我想你一定记得，这十余年来，我们俩有多少次的深谈，摩擦出多少情感火花，激发出多少眼泪，最后滋生出完全不一样的父女关系。我们彼此对各自的人生好奇，接受彼此的不同，放下彼此的执念，坦然说出内心深处的真话。我完全感受到，真正的亲密关系是一个冒险的旅程。我很高兴有你这样勇敢的女儿，让我俩有机会一起走这趟旅程，而且进入亲密关系中的最高层次：共修关系。我相信我们会在这段冒险的旅程中继续走下去，未来的风景无限，让人充满期待。

身为人父，能与女儿共修，是人生难得的缘分。我的三个女儿，个个特立独行，也正处在三种不同的人生阶段中，可想而知，未来的功课一定层出不穷。目前身为人生老师的我，对这样的功课当然是期待和感谢的。我自己的生命状态，也在和女儿们共修的过程中，不断地蜕变；世间哪有比这更好的福气？

你问我做爸爸的体验如何？我要说：感谢你们三个愿意今生做我的女儿，感谢你们愿意给我机会，让我陪伴你们经历你们的人生。这是我人生最大的福气，还好我没错过。

爸爸

第 3 封信 | 作为家长的样子

默蓝的信

爸爸:

我从不认为人一定要生孩子。我想,在这个议题上,适合每个人的答案可能都不相同。生孩子,有幸享受天伦之乐,牺牲奉献;不生孩子,可以自由自在,宠爱自己,或是如同德蕾莎修女一样,将全世界视为自己的子女来爱惜。各是不同的人生风景。

至于我呢,自 18 岁和潇潇相爱以来,就还挺期待可以生几个孩子。我非常喜欢潇潇,也知道他非常喜欢我。近年来,我更越来越喜欢自己。当一个人欣赏自己,也极其欣赏另一个人时,想要共同养育一个生命,应该是再自然不过的事情了。我猜,每个人内心深处都希望这世界有更多美的事物。两个美的、有爱的人,合而为一的结晶想必也是美的、受到祝福的。何乐不为?

为了迎接将来可能到来的孩子，我希望成为一个更好的自己。在这个过程中，有三项最重要的工作：

　　1. 与过去和解。我希望孩子不要继承我的创伤。因此，我得学习避免让自己曾经经历过的恶性事件重演，施加在孩子身上。我观察到，创伤有时是会隔代遗传的，犹如一个家族的"文化基因"。被冷落的次女不忿身为长女的姐姐倍受宠爱，自己日后恰巧也生了两个女儿，便将自己当初的处境投射在孩子身上。为了弥补自己曾经受的创伤，她每天教训长女，总觉得想要多加"保护"或是宠爱次女。反过来，受伤害的长女成为母亲以后偏袒自己的长女、孤立次女的案例也是有的。另外，我观察到，和自己母亲处不好的女儿，很可能会再养出一个和自己处不来的"不孝女"。毕竟，孩子都是有样学样的。

　　在我自己的成长之中，不免也有和手足或是和父母过不去的地方，发生过一些至今都还令我感到委屈的事情。同时，在我的潜意识中，也熏染着诸多父母辈，甚至是祖辈的人生经历以及行为模式。

　　我将尽己所能，让一些家族的"隔代业力"轮转到此停止。对于我的祖辈，我尊重并接受他们曾经的苦与难，也感谢他们竭尽所能，做出了他们认知当中最好的因应。

　　至于祖宗的好德行，我当然就不客气地欣然笑纳，将来再送给孩子。

我了解并且接受自己的不平衡或是不圆满，也很得意自己已经走了好长一段路，成为更纯净的自己，将过往的困难化为智慧和力量。我不求"痊愈"，只求自己永远不放弃成为一个更好的人。我想，这对于孩子来说就是最好的榜样。

2. 自己的梦想由自己完成。我希望孩子可以不必背负我的梦想，被迫过一个其实是我想过的人生。将空间还给孩子，可以没有牵挂地活出自己的天命。这方面，我的挂碍可多了：遗憾自己不会跳芭蕾舞、没有精通七国语言、没有生在海边而七岁成为冲浪神童；后悔自己数学基础没有打好；痛恨自己儿时长期失眠，没有长到一米七高。

我想，今年25岁的我，可以不用强求自己再长个10厘米了，就是热爱自己的娇小。"数感"，我也可以锻炼。我也相信，自己只要愿意每天花点时间，应该还可以再多学几门语言。冲浪不求精，不跟任何人比较，只求全然经历即可。去年，向来筋骨不灵巧的我，也每天做一点瑜伽，学会了劈腿。或许哪天芭蕾舞我也可以学得会。真的有做不完的事也不要紧，学习知足，欣赏那些我已经做到、拥有的诸多美好，也够了。

3. 锻炼身体，稳定财务。我有个莫大的优势就是，我的父母都有意识照顾自己的健康，财务上也能够自理，在可见的未来不太需要我挂心。我可以只管过好自己的日子就好，还有些余力做梦，真是难得。先不说温饱线上奋斗的人们，就是"正常"的中产阶级之中，当然也有许多人不仅需要为自己负责，还要为了家中好几个长辈有所承担。一方面，我相信学习孝道肯定是个深刻的历练；另一方面，我非常感激父母送给我的自由，让我的人生可以有更大的想象空间。希望自己将来为人母，也能做到如此。

总之，我很期盼有机会为人父母，并且已经积极地在做一些"前置作业"，想要活出好样子和宝宝相见。至于如何判断自己是否活出了好样子呢？爸爸曾经提出一条原则，我觉得还挺受用的，就是问自己：别人喜不喜欢接近你？愿不愿意跟你在一起？想不想和你一样呢？

我想，爸爸大概活得还可以。就以这一原则的上半条而言，我从小就喜欢跟爸爸讲话，喜欢跟着爸爸去不同地方。我绝对是非常喜欢接近您，跟您相处的。以原则的下半条而言，您大学时期是辩论队的教练，也是校刊的"地下主编"。我自己念大学时也成了辩论队的队长和校刊的主笔之一，应该不用怀疑，这就是"抄袭"了你的行为。

除此之外，我小时候非常喜欢跟其他小朋友讲一些关于你的故事，多半是一些您儿时滑稽的事迹。您对于所有事物总有一番独树一帜、令人耳目一新的观点。某一天，我惊觉自己和朋友讲的净都是您和我说的事情，倒好像没什么自己的故事或者观点可言。在这一瞬间，我决定成为跟爸爸一样有趣的人，创造属于自己的故事，并且基于您的传承琢磨出自己别有深度的思想。

感谢爸爸活出了一个好样子。希望我也可以承袭你的精神，为自己的孩子活出一个好样子。不知道爸爸在我这个年纪是否想过成为一个什么样子的爸爸？

默蓝

（回信）
————————

默蓝：

听你说的这些，爸爸不仅是高兴，简直有点佩服你了。我常跟你说你比爸爸厉害多了，愿意再说一次。

你问我二十多岁的时候有没有想过自己做爸爸，我必须很惭愧地告诉你，没想过。我不知道其他男人怎么样（应该跟我差不太多），至少我这方面是很迟钝的。年轻时只想交女朋友，连结婚都不会想，何况生小孩。

但你出生时不一样。那时我已 44 岁，事业蒸蒸日上，跟你妈晏尔新婚，很期待你的出生。但老实说，还是没想过该如何做爸爸。作为男人，必须承认，我好像把老婆孩子视为丰收的果实，而非需要耕耘培养的关系。

因此，你的出生成长，对我来说是一种人生享受。在你婴儿时期，我很享受喂奶、洗澡、换尿布、哄睡觉之类的事情（大多数还是你妈在做）；在你一两岁时，更享受我们在一起时的"老小无猜"、无声胜有声。我那时候，觉得你就是我的伊甸园，和你在一起，我就回到了伊甸园；你就是"当下"，和你在一起，你就带我"活在当下"。

你成长的阶段，我忙着"东征西讨"、四处探索、自我实现，说实在的，花在你身上的心思不太多。再加上你是个让人省心、自我要求高的孩子，你妈又很称职地给你安排各种学习，一言以蔽之，我就是捡便宜、轻松当个现成"好爸爸"而已。

直到十多年前，我走上人生学习的道路，才了解关系是修行道场，直系血缘关系更是人生必修课。我花了很大功夫，整理自己与母亲的情结（那时她已过世），在彻底的和解、接受、尊重和感恩的过程里，圆满了母子关系。我也试着与继父（你爷爷）亲近，跟他拥抱，说"我爱你"，在除夕夜向他下跪表达感恩。我还带着全家探访父母在大陆老家的亲人，找到了父母双方的族谱，了解祖辈历史，去坟前上香，重新与祖辈建立连接。

除此之外，我也邀请你妈妈一起学习，改善夫妻关系。也邀请你姐姐的母亲一起学习，互相道歉、感恩，深度和解。我还用了长达七年的时间在教育机构做全职义工，广结善缘，通过助人修正自己。

我做的这一切，当然是我自己需要，但同时也是"为人父母"的必要。因为我知道，给你的最好礼物，就是一个父亲"活好的样子"。一个活好的人，必须圆满与父母的关系，成为一个与人为善、愿意付出和修正的人。

在这么做的过程中，你应该感受到了爸爸的改变，比以前更柔软、开放、愿意倾听和认错，也不那么自以为是了（虽然仍有很大改进空间）。你应该也看到，爸爸每天忙的事跟以前不一样，各种关系的状态也与过去不同，活出了一个不同的样子。因为我觉得，为人父母不可能完美，但如果能让孩子看到，人是可以改变的，就应该算不错了。

这些年来，我们父女的关系也产生了很大变化。虽然你常年在国外，我们相聚时日不多，但心靠得比以前近，能无所不谈，常常一聊就两三个小时。尤其是你在这封信里对爸爸表示满意，等于发给了我一张"合格证明书"。身为人父，于愿足矣！

你提到为人母的三项准备工作：走出家族的业力，实践自己的梦想，让自己健康丰盛，好像正是我过去这些年在做的。老爸五十几岁才开始做的事，你二十几岁就已经在做了，不用怀疑，你一定是个好妈妈！

正如我们所共同了解的，为人父母最重要的，不是给孩子什么，而是自己活出好样子。但如今流行的趋势好像不是这样。多数为人父母者，和自己的父母关系不好，自己也没活好，只拼了命地要"给孩子最好的"，结果很多孩子被宠坏了，不是站不起来，就是远离父母。这都是因为颠倒了伦理，违反了自然定律，很难有好结果。

最后，关于世代之间的传承和影响，我想分享一个有趣的故事（忘记有没有跟你说过了）。

我将近 30 岁的时候，曾经独自旅行了三个月，其中一站是印尼巴厘岛。在海滩上我遇见一对带着小男孩的夫妻，因为聊得来，就朝夕相处了几天，听到了他们一家人的故事。

这对夫妻原来在加拿大做中学老师，规规矩矩过"正常"生活。但两年多前，他们认为现代教育太荒唐，会把儿子教坏，于是做出了一个惊人决定：卖了房子，揣着为数不多的现金，开始带九岁儿子环游世界。他们一路上徒步、搭便车、住帐篷、借住民家……就这么走了两年多（儿子已经 11 岁半），预计还需要一年半，完成徒步环游世界的壮举。

由于夫妻俩在路边搭帐篷住，就让小男孩跟我同住海边小木屋（可以吹冷气）。小男孩和我"一见如故"，从早到晚带着我玩，跟各种陌生人打交道，混吃混喝，教我如何分辨艺术品真假、如何讨价还价，还在黄昏的海浪汹涌里即兴作起诗来。

小男孩会讲九国语言，熟知世界各民族文化传统、地理环境、生活方式，但好像父母从来不教他什么（除了数学以外），都是他自己学的。必须说，他是我此生见过最聪明可爱、最博学能干、最愿意跟人在一起的小男孩。离开前我问他长大后准备做什么，他说要开飞机，我问他为什么？他说：就不用走路了。

和这一家人分手前，我们互相留了地址。因为他们已经没有固定住所，所以留了男主人哥哥的地址。我顺口问他哥哥在做什么，他说一个在做律师，一个在做医生。我问他，哥哥们都做那么"高尚"的职业，他却带着一家人流浪，父亲会不会失望？他的回答我永远记得。他说：我的哥哥都完成了爸爸的愿望（Wish），但我完成的，是爸爸的梦想（Fantasy）。

跟你分享这故事，没有任何暗示的意思。我只是觉得，人原来可以这么想、这么活！人生还是很有意思的。

爸爸

第 4 封信 | 尊重孩子的感受

默蓝的信

爸爸:

　　所幸我们生在电子通信的年代,能够完整节录了一段我们 2022 年初因矛盾而产生的短信对话。真实的事物往往是最有意思的,况且我认为你有别于一般父母的地方正是在于你对我这番话的第一反应。故此,那段对话原文如下(除了些许错别字与语法校正之外,未经润饰):

　　我:爸爸,有件事情我要认真地说。通常我跟你说我个人的事情和规划时,并没有想要征求你的意见或是寻求解答的意思——只是跟你分享而已。如果真的有问题或是困难,我会直接提出问题或是咨询你的意见。其他时候,我需要的只是聆听和理解。有的时候,跟你说话时会觉得你"有听,但没有听到"的感觉,疑似比起想要理解我说的事情,你已经更快地形成了自己强烈的观点和偏见，并且想要说服我做出某些决定或是打消我的感受与抉择。我时常跟你讲话的时候有一种受到质问和评判的感觉。遇到某些你认同的话题时没问题，但是碰到不少你似乎不太喜欢或是不太倾向的话题时，我会强烈地感受到种种质疑和否定。我每次也都会一一跟你透彻地解释，但是我不喜欢这种必须要为我个人喜好和自我认知不断辩护、解释的感觉。我知道你可能只是想通过问题来更深地了解我的想法，然而你表述的语气和用词让我无法感受到你想理解的心，只感觉到质疑和直接的否定。比如，我跟你说我在世界各地遇到不少人都不约而同地对我对于服装和物品的审美大为夸赞，每隔一两天都会有人问我各种东西是从哪里找到的，是什么牌子，为什么风格如此与众不同，你就马上说："真的假的？！"你时常说"真的假的"这句话，含义有好几种，有时候这么说是开心或是诙谐的，但是此时此刻，你好像是很吃惊还有不太相信的样子，让我感到不太舒服。又或是我跟你分享我对于服装设计的个人兴趣时，你就开始问东问西，而且问题的方向让我感觉不像是出自好奇，而是想要引导我认同你已经形成的意见。

题外话一：我只是说我有兴趣，你就好像突然很怕我想成为服装设计师的样子，开始方方面面质询我的计划。我有一份工作、有薪水可以过生活，并没有必须依附于我的亲人，闲暇之余研究我喜欢的事情，没有经济产出、没有预设的目标、没有竞争力，又有什么问题呢？这世界上不是一切所作所为都需要有成绩、有影响力、出类拔萃、有成果发表才是值得的。为别人、为自己带来喜悦的事就是最有价值的事。

题外话二：话说，如果你惊讶我"有品位"，也许是因为我过半衣服都不会带回台湾，即使带回去也不会在家里穿，尤其家中长辈在这方面向来有种种令人受伤的意见和评判。

题外话三：创造力、好主意和美的事物必须在无所畏惧的、不受思想框架限制的环境之下才能够得以全然发展。一位工业设计师、科学家或是艺术家，可能有上百个离奇的点子，虽然并非所有离奇的点子都是好点子，但是许多最经典、最具正面影响力的点子却几乎都是有些离奇的点子，或是由离奇的点子激发、淬炼而成的点子。如果一个设计师在思考时就已经受到大脑中各种框架和否定所限制的话，许多好主意就必然胎死腹中。

不可否认，父母对孩子通常有非常大的影响。一个刚来到世上的脆弱婴儿要顺利长大必须确认自己能够获得大人的疼爱和认同才能受到照顾，得到资源分配。我想即使孩子长大成人了，多数人的心智中应该还是不免有父母或是长辈的投射在不断地默默下评论、做指示，左右他们的思想和道路。更何况你本人也确实还不时亲自审视我的感受和选择，这些都对我造成了发展可能性的限制，限制了我敢想敢当的范围。我出的点子，只要不顺应你的喜好，仿佛就急着要被你铲除，没有机会让我一探究竟。你也知道人生的抉择没有对错，也没有浪费时间或不值得。只要是全然经历的抉择都是丰富的、有收获的，又何必阻挡？

我们已经确认过了，你跟妈妈看起来应该不会需要我的金钱支持，在不伤害他人的前提之下，应该不太可能有什么事情能够给你们造成困难。从今天起，我将请你意志的投射和框架离开我的人生设计簿。就算有一个想法发展到最后发现是"错误"的，也得等到发展完才能一探究竟。即使最后发现确实有问题、行不通的话，我还是会很开心全然经历了我选择经历的，学到了一课。而如果是正确的选择，我更会非常感谢你让我有机会活出我的天命。至于你本人要是希望参与我的创作过程，可以为我做出的最好的事情，就是陪伴我探索每个点子，不仅是你喜欢的点子（例如冲浪），而且包括你没那么喜欢的点子（例如当模特儿）。

我澄清一下，不是说你不能有想法、意见或是质疑：1. 在哲学思想、社会时事、公共事务以及科学真相等主题上我完全愿意辩论、辩护我的论点或是考虑接受他人的观点。这些事情不仅跟我有关，跟所有人都相关，应当有超出个人认知的共识或是观点交流。举例：非洲大陆是否有条件即将在全球市场上产生它在过去几世纪之内从未有的影响力，这是个社会、政治、经济话题。至于我有兴趣更加了解非洲，到非洲走走，不排斥到非洲发展，这是我的个人兴趣和抉择。2.如果我有事情需要你的协助或是援助，你理所当然可以质询或是否定——毕竟是我邀请你参与了我的事情。

除此之外，只要是我对于自己的想法（并非对于别人、社会或是科学的想法），请你给予尊重和聆听。毕竟人生教练和修行人的最高层次是不需要指示他人该怎么想或该怎么做，而是通过有觉察的聆听和纯粹理解的心来陪伴他们更了解自己或是通过内在的智慧找到属于自己的真实的答案。因此，我希望你可以调整你关心我的表达方式。我可能根本不需要寻求开示，只是想要分享而已，尤其是我出于喜悦和灵感而分享的个人事情，更不需要被泼冷水或是质疑。你不需要永远是老师或是高人。有时候，你的孩子需要的只是一个用心聆听的朋友。

相对的，如果你感受到我对你个人的选择和感受有让你不舒服的质疑或否定，没有用心聆听，我也相信你会跟我说。

最后，我要坦诚地说，我不是你，我不知道你的模式背后真实的想法，是纯粹习惯了以辩论或是开示作为沟通方式，还是不信任我，觉得我需要被保护？1.如果你习惯议论，我们有很多事情可以辩论黑白是非和解决方法。就只请你不要质疑我的感受和向往，因为它是什么就是什么，硬要顺应别人的想法也只是压抑或是蒙骗自己，从而造成里外不一致的埋怨、阻碍和后患。2.如果你不相信我，请你相信所有的答案都在我内在的智慧之中。你唯一需要做的事情是静待我穿透属于我内在的最真实的答案。3.也可能以上皆非原因。无论如何，你知道了我的感受，也请你理解。再有疑惑的话可以询问姐姐或是金孝轩（妹妹）。

爸爸：收到了。很高兴你能如此坦率和清晰地说出你的感受和建议。我承认自己确实有不自觉的某些模式，尤其是在做父亲对女儿的角色上，更容易流露出来。我会更有觉察地修正自己，如果有时候没做到，也请你像这次一样，继续提醒我……我很欣赏你能如此清楚而自信地表达，比爸爸强多了，爸爸以你为荣！

感谢爸爸愿意聆听且尊重我的感受以及心理界限，这就是我最需要的陪伴。我更觉得父母愿意承认自己的错误，禁得住他人的反馈，是一件非常难得的事情。自幼，父母对于孩子而言一向是命令以及"正确"知识和价值观的施予者。对于很多家长而言，面对孩子在两人之间互动、沟通模式上的挑战，应该是一件极其难受或是不被允许的事情才对。身为一位父亲，面对孩子对你的反馈，你是如何消化的呢？

默蓝

（回信）
_____

默蓝：

收到你那封信时，我正有事忙，只简单回复，很高兴终于有机会好好说一说。

先说收信当下的感受。在道理上，你说的每一点，我都完全同意，而且正是我平常在说、在做的。你能如此清晰表达，我觉得女儿真的长大了，真不愧是我女儿！

但在情感上却十分复杂，好像被"以子之矛，攻子之盾"，连挨了几记闷棍。我真的像你信中所说的那样，满脑子评判、不懂得倾听、好为人师？这真的是我吗？如果你的感受确实如此，那就一定是真的。我平日总跟别人说"孩子是一面镜子"，还说得真对，只是自己很久没机会照镜子，劳你煞费苦心把镜子凑到我眼前，是该好好照照了。

你好奇爸爸沟通背后真正的心态，是惯性？不信任？还是保护心切？我仔细想了一下，"不信任"应该是没有的，因为你打小就不让人操心，每个当下该做什么，一直都清清楚楚。在我的记忆中，你甚至没有青春期的叛逆，怎么可能长大后我反而不信任起来？

至于保护，那倒可能有一些。身为人父，我有一种不自觉的奇特信念：当孩子有"出格"的想法时，做父母的就有义务泼冷水。但如果泼了冷水后，孩子仍然坚持要做，那他就可能是玩真的。这种状况下，我通常会心中窃喜，默默祝福，甚至转为支持。我这信念，当然是从自身经验得来的。因为我小时候，除了读书以外，想做任何事你奶奶都一定说"不"。但结果呢，所有她说"不"的事，我都自己想办法用自己的方式做了。我觉得自己的好奇和热情，就是来自母亲一直泼冷水，但怎么也浇不熄。

因此，虽然我的教育观和母亲截然不同，但仍时不时地对女儿们泼点冷水，略尽为人父的职责。但我忽略了，自己是一个叛逆的孩子，女儿们却不是；自己一向自行其是，不太受母亲影响，女儿们却不是；自己从没想过可以跟母亲像朋友一样，女儿们却有时只想像朋友一样跟我聊天。总而言之，我可能是个不泼冷水就会火花四溅的人，我的女儿却完全没这个需要。真是误会大了，爸爸简直是身在福中不知福！

其实，因为你一直在轨道中出类拔萃，我也时常鼓励你可以天马行空地想象未来；因为你一直做什么事都很认真，我也常对你说，也需偶尔做纯粹只是开心的事。这些都是我平常在说的，怎么当你真正这么做的时候，我居然又启动了"泼冷水"模式咧？真是业力深重啊！

倒是有一点，你在信中用了"阻挡""铲除"等词，我觉得有点太严重，那绝对不是我的本意。我想可能是因为爸爸在你心中分量很重，你也把爸爸的话看得很重，所以才夸大了话语背后的意图。至于我呢，可能低估了自己在女儿心中的分量，所以忽略了我的用词给你带来的强烈感受。这是我以后要提醒自己的。至于你呢，如果日后又觉得爸爸在"阻挡"或"铲除"你的想法时，也不妨换个角度想，说不定爸爸只是想分享他的观点呢，而且即使观点不同，他一定会尊重我最后的决定的。这样想，会不会让你舒服些？

你在信中还陈述了几种我们相处的注意事项。有关公共话题的讨论，你也知道的，我很有兴趣；做你用心聆听的朋友，这是我欣然接受并期望做到的；注意对话中的表达方式，这也是我乐于不断改善的……但在你私人领域的范畴，除了你提出询问外，希望我不要主动提出任何建议，你的意思我了解，也会更加注意，但不保证自己可以完全做到。我应该可以做到的，是在注意你的感受的前提下，偶尔还是会"主动"提出建议，但我会在认真倾听之后才提出，并且尊重你最后的决定。

我知道，这跟你的期待有一点落差，我认为这可能是东西方文化差异的问题。你在美国读书、工作七年，难免受西方隐私权概念的熏染，和我这个主要受中华文化影响的老爸，在隐私范畴和亲密关系的界限上会有不一样。不一样并不表示一定有对错，也不表示未来会一成不变。我建议我们接受彼此在这一点上略有不同。但无论如何，我们最重视的还是父女关系，都会愿意为了关系圆满而修正自己。对吧？

另外，我还犯了另一个父母常犯的错误：忘记儿女已经长大，尤其是成年离家的儿女。过去七年来，你在海外读书、工作，虽然我们常越洋通话，但毕竟不像过去那样朝夕相处。我如果不刻意提醒自己，难免有时会用过去的记忆看今天的你。而这种时候，你就有可能产生被贬低、被不信任甚至被评判的感受。所以日后你要更多地和我分享，我要更耐心地聆听和了解你，才能缩短时间差造成的隔阂。另一种相对的时间差，是我年龄渐长，也进入不同的人生阶段，如果你没有用心了解，可能也会带着过去的印象看今天的我。就我所知，人生在末期的某些阶段，其变化的速度，也犹如青春期的成长一样迅猛。有必要先行预告一下。

最后，你也知道，我自小就爱讲道理，后来不幸又成了专栏作家、当了老板、做了老师，讲道理的功力自是大增，也更加积重难返。中年后渐有觉察，也愿意修正，但是最难修的对象，还是自己的子女。

最近，我想起儿时的一个小场景。大约是读小学的时候，有一天母亲训斥我吃西瓜没吃干净。我当时胆大包天，就发表了一番谬论：吃西瓜是为什么呢？不就是为了好吃吗？不就是吃得开心？西瓜皮又不好吃，吃了又不开心，为什么一定要吃西瓜皮呢……可想而知，气得母亲头上冒烟，怒斥我：都是你有理！（这是她最常教训我的话）如今回想起来，母亲这么生气，应该是担心我这么爱讲道理，以后会和人不好相处，在社会上会吃亏，人生道路上会走得辛苦。唉，可怜天下父母心，等有一天你当了母亲，应该会更能体会吧！

爸爸

第 5 封信 | 健康的性与爱

质灵的信

亲爱的爸爸:

这次想问您一个我们几乎没有谈过的话题:性。

您一定觉得很好笑,我都已经是个做妈妈的人了,问这个做什么!

当然要问了,这个时代跟我小时候及您小时候都很不一样,我要及早准备好,给您的孙女一个最温柔的性教育。默蓝也将会是未来的准妈妈,我猜她对探讨这个话题,也会举双手赞成。

我们从没聊过这个话题,不知道是因为我们没有机会住在一起,所以没有机缘聊到,还是因为我们是父女,父亲和女儿聊性的话题,好像总有点别扭?

虽然这样说,但其实爸爸曾有一次问过我类似这个主题的问题,内容是关于我的性取向。不知道爸爸还记得吗?

记得那时候我上初中,留着短短的头发,戴着厚重的黑框眼镜，个性有点古怪但很安静，有点"边缘人"的味道。重点是，这个状态其实我已经持续非常久了，大概从小学二年级开始戴眼镜，并决定把及腰的长发剪短后，就没再摘过眼镜，头发也没再留长过。

爸爸有一次接我回家过周末，在带我返回妈妈家的路上，边开车边小心翼翼地问我："你是不是喜欢女生？"我当时着实吓了一大跳，爸爸从来没跟我讨论过类似的主题，怎么一问就问这个？！我还没回答，爸爸就赶紧补充："不管你是什么性取向，我都是可以接受的，我觉得都好！"我其实从没想过这个问题，于是我当下仔细回想了一下，想起我很喜欢跟女生交朋友，她们中的很多人给我很好的感觉，但是那个感觉跟我看到欣赏的男生时的感觉是完全不一样的，看到欣赏的男生的时候，脸会很热，紧张得不敢看对方。可见我应该确定是喜欢男生的吧！

虽然跟爸爸的猜想可能不太一样，但是感谢爸爸无论如何都能接纳我。那种被接纳的感觉，我依然记得是一份轻轻的温暖。同样我也把这份温暖分享给我所有的朋友和所遇之人，无论他们的性取向或样貌是什么。

但是当时，我只敢对爸爸说我的性取向"不是喜欢女生"，可是不敢说"我喜欢男生"，因为总觉得自己喜欢别人这件事很丢脸。当时并不明白，为什么自己总是有把自己打扮得很中性的倾向，可能一方面是因为我确实是被一个很中性的方式养大的，另一方面，其真正的原因，是我可以把自己隐藏在中性外表的后面，不被别人看见，这样我感到比较安全。

在我大约五六岁的时候，就有一种警觉性，知道女性的排他性和同性的竞争性很强。在幼儿园的时候，我曾经因为被几个小男生喜欢，而被其他小女生排挤。到了小学的时候，又见证了类似的情况，看到小女生总会组成小团体欺凌容易被异性喜欢的女生。所以我总害怕被男生喜欢，觉得一旦被喜欢就会有危机发生，所以到了二年级的时候赶紧把长发剪成短发，果然此后就几乎没有再被其他男生喜欢过，我也从此不再被视为一个威胁。

整个童年到上大学，再到进入社会初期，我都没有交过任何一个男生的朋友，我从不跟他们说话，除非有一些必要的任务需要跟他们交流。所以后来我只要一与男生说话就感到恐惧、紧张，像是跟外星生物对话一样。而且习惯把自己打扮得很中性甚至有点刺眼的我，总觉得别人跟我说话是件很丢脸的事情。记得我那时的打扮永远是黑框眼镜、宽松的黑色 T 恤，满是破洞和颜料的牛仔裤和拖鞋。直到 24 岁左右，有一天在阅读身心成长书籍时，看到了关于阴性能量、阳性能量以及女性在社会中的角色的论述，"女人"这个关键词突然浮出来，我才发现，原来我是"女人"。

妈妈总是很自我，她不喜欢做饭，却可以脸上化着妆，身手矫健地爬上鹰架，到屋顶上修屋顶。她高兴的时候，有时会穿西装打领带，说话更是绝对不会低声下气。小时候，她还总说我长得像小男孩。

所以，年纪已经不小的我，第一次陷入了思考："女人"究竟是什么？我想用最表面的方式探索女人为何物。我开始尝试化妆、打扮和穿裙子，看看自己有什么感觉。我很好奇一般女生都在体验着什么，她们怎么穿、怎么思考，恋爱是什么感觉，性又是什么，女人在恋爱中是什么样子。

我想我当时正在"实践"大家口中的"物化女性"。把自己当作芭比娃娃来玩，打扮自己，学习媒体上主流女性的特征与姿态。于是我的外部世界开始转变了，那时我才真正觉察到被注视的感觉。而我也知道，自己将在不久的将来，会体验到性。

如今十年过去了，回头看这段路上的种种，我发现虽然我进入情场的时间很晚，但是该流的泪没少流过，愚蠢的事也没少做过，疯过、痛过，但也同样热过、美过。我就像大部分年轻人一样，没有在恋爱和性的探索上接受过任何指引，就这样生猛粗暴地走出了一条荆棘路。而越是像我一样带有创伤长大的孩子，越是互相吸引，越热衷互舔伤口，这条路就走得越艰辛。我们总是急着把自己赤裸地奉献出去，渴求得到一丝在原生家庭中没有被满足的爱，总以为这样就可以救赎破碎的心，以为可以在另外一半那里找到自己心中的"完美父母"，却不知道这种连自己都难以觉察的意图，其种子所结出来的果实，往往却是更多的伤痛和遗憾。

你女儿的爱情历史，荒谬的程度绝对可以与电影中的某些片段相比，而最终某些惊险的片段不至于以遗憾终身的悲剧收场，只能说是万幸。现在的我，是一个妻子，也是一个母亲。我常常在想，如果我是我自己的妈妈，我会怎么察觉我的女儿小时候被霸凌？我会怎么陪伴这个正值青春期的茫然少女？我会如何倾听这个通过物化自己来探索爱的年轻女性？怎么陪伴这个在关系里不断索取爱的受伤灵魂？我会怎么教她用善与爱去认识自己的身体？怎么用真诚认识自己的性别，用中性的眼睛认识主流社会对性别的看待，最终形成自己最自然的性别认知？我会怎么跟她分享，关系不是相互取暖、依赖和控制，而是一个道场，要通过关系去认识自己，去创造、体验爱？我会怎么跟她分享，性的本质不是我们在媒体上看到的样子，它是尊重的展现和两个相爱的生命最纯粹的深层交流，更是创造能量的源头？

　　不知道爸爸在爱与性的道路上收到过哪些珍贵的礼物？年轻人普遍无法用健康的方式与父母探讨爱的话题，更不要说是性的话题，因为这些话题总是敏感而又容易被隐藏的，可是如果让它们自然生长，基本上就是把这些事情的教育权交给媒体、网络、同学和任何未知的渠道。

　　针对这个话题，您会给年轻的父母什么建议呢？年轻的生命又如何用一个健康的心态，去探索未知又令人向往的爱与性呢？

质灵

（回信）
────────────

质灵：

　　收到这封信，有种迟到二十年的感觉。的确，因为我们不够亲近，否则你可能在 15 岁甚至更早，就跟爸爸讨论两性话题，我也应该乐于跟你分享。

　　你信中提到，因为怕被霸凌而中性打扮了近二十年，这是我过去不知道也想不到的。我当然注意到你刻意穿着得像男孩，但我以为那是你的"艺术家风格"，如今谜底才揭晓，让我大吃一惊，深感自己做父亲相当失职。

但我记忆所及，除了有一次关于性取向的对话外，自从你24岁开始跟男生交往，每一段关系我们都有过分享和讨论。我也发现，你在选择交往对象时，有点刻意在收集"创伤男孩"的倾向，容易被对方"悲惨童年"的故事吸引，有可能因此选择了并不合适或难以相处的对象。我曾不止一次提醒，在两性关系中，你可能习惯性扮演"拯救者"，那并非两性关系的本质。而且拯救者很容易变成受害者，陷入关系牢笼中。所幸，你后来通过自己的学习和修炼，转化了这种模式，如今也找到了理想伴侣，这一切都已过去。

如今，身为人母的你，希望老爸补上这一堂曾经缺失的两性教育课。我们就当作切磋研讨吧，算是为了下一代而共同学习。

我还是从自己说起，补上男性视角。

从两性意识上说，我算是相当早熟。在幼儿园时期，就"爱上"了隔壁家的小女生，每天牵着她的手上学。念小学时，每一阶段都有暗恋对象，也都有女生主动示好，在嬉闹中懵懂地暧昧。念初三时，曾和一个高三女生发生"暑假恋情"，进行到牵手散步和互写情书的地步。进入大学时期，恋爱成为重要主题，其中最重要的一段，是大二时和大一届的学姐交往，维持了长达两年的关系。她在情感上超级敏感，又比我成熟，帮我深挖自己童年的阴影，化解了许多阴暗或扭曲的人格倾向，带我遨游在充满各种酸甜苦辣的两性世界中，可以说是我在两性关系上的启蒙老师。自此之后，我就脱离了青涩时代，成了自以为可以在两性关系中扮演主导者的成熟男性。当然，事实真相并非如此，日后的跌跌撞撞从没少过，两性关系一直是贯穿我人生的重要功课。

接着谈性。

小男生进入青春期后，性是一个压倒性的生理、心理及社交大难题。有研究报告说，青春期的男生，每过几分钟脑中就会浮现与性有关的念头或画面。以我的经验，其所言不虚。生理上的冲动也是随时蓄势待发的，任何刺激都会引起反应，晚上的春梦和因此引起的尴尬，也是每隔几天一定会发生的事情。但这只是困扰而已，真正的恐惧是，小男生都会怀疑自己是不是真正的男人，怀疑自己在身体上有缺陷，怀疑自己没有性能力，怀疑自己无法吸引异性。

因此在小男生的同龄人中，就会有各种夸张传闻、自吹自擂和互相贬抑，足以让大多数小男生产生性自卑感。行动、吹嘘和遮掩，是克服自卑感的三条出路，寻求性经验则是被同龄人认可的"成年礼"。

我自己在青春期的性困扰，也大约如此。只要是成熟女性出现在可接触范围内，都会引发焦虑的性反应和迷恋的情感投射，包括左邻右舍的大姐姐、年轻的阿姨和女老师……无一幸免。

而我的性知识，基本上来自同龄人的吹嘘、某种书刊、道听途说和自行揣测，因此，整个青春期就在受诱惑的躁动和无法行动的尴尬、自我怀疑的自卑和无法证明的困惑中度过，真是十足的黑暗时期。

如今回忆起来，在成长期中从母亲那里得到的唯一关乎两性关系的教育，是她在我初三暑假，截获"女友"情书后说的话："男孩子只要有本事，以后不愁找不到对象！"说实在的，我当时虽然并不认同她的说法，但这念头确实植入了灵魂深处。在其后的大半生，深层意识里一直理所当然地认为，在两性关系中，男人最重要的就是"要有本事"。把这句话展开解读，就成了：男人只要有本事，在两性关系中就可以得偿所愿。但是很显然，这当然不是两性关系的本质，而是两性关系的物化。我有点怀疑，我们这一代的所有男性，受的都是这样的两性教育，被教导用追求本事来延迟在性和情感上的需求满足。

讲完了小男生的"发情期"躁动，可以先做简短结论：男生和女生在性成熟过程中的身心体验和环境压力，可能天差地别，而他们在这种陌生体验的摸索中，如何解读性这件事，的确会对未来的两性关系产生重大影响。

接着再谈环境方面的结构性变化。

目前持续发展的趋势，多有晚婚不婚，少生不生，避孕不孕……总的来说，"性"在某种观念下，与生育、婚姻甚至感情日渐脱钩，走向一个彻底"性自主"的时代。我预见在未来的时代，把性与感情合一或分开，当作游戏或是修炼，都完全是个人自主的选择。

而与此同时，整个媒体环境，尤其是网络环境，如你所知，基于各种商业目的，性泛滥到无以复加，大量散布各类有关性的扭曲信息。而孩子们在越来越小的年龄，就可能暴露于这样的环境中，实在不可思议。

在这其中，我观察到一个特殊现象，就是成长于性信息泛滥坏境中的孩子，反而失去了性冲动、性向往、性追求，甚至呈现出"无性化"的征兆。这状况，实在很像《美丽新世界》那本小说里描绘的未来世界：人们通过科技设备和药物取得性体验，觉得那才是高尚而无副作用的，真实世界的性行为，被视为低俗过时、该被淘汰的现象。

那个青春期看到成熟女性就心跳加速、血脉沸腾的小男生，好像即将成为濒临绝种的原始野蛮人了。"虚拟现实"技术的演化，应该很快就能定制出针对小男生和小女生的性体验游戏，剩下的只是合法化的问题。未来的年轻人，可能相当比例会只在虚拟世界（所谓元宇宙）中体验性和爱，而在现实世界中，成为无性人。

你问我对下一代的两性教育有什么看法，说老实话，我也不知道。但我知道的是，如果父母自身在两性关系上自在而满足，对孩子是最好的身教；如果父母和孩子关系亲近，孩子在成长期无论出现任何生理、情感或异性交往上的困扰，都愿意跟父母说，寻求帮助，那就是最好的性教育。性教育的重点不在于知识，而在于关系。

至于我个人，只期望我们的后代还愿意在真实世界中勇敢地体验性与爱，于愿已足，其余的就不敢多想了。

爸爸

第 6 封信 | 在亲密关系中共修

默蓝的信

爸爸：

我在 18 岁左右认识了潇潇，不久之后，两人便形影不离，开始交往，更展开了一段痛苦至极的关系磨炼。在其中，我发现自己对于情感有许多深层的不安以及悲观，可能源自原生家庭。

过往，我看到你结婚三次、离婚两次，从来没当一回事儿。然而，在和潇潇的关系之中，我不知不觉地从一个未经世事的孩童来到了一个"女人"的角色。在这个角色之中，我发现自己无法信任男性，也对你持有许多怨怼，而对妈妈所经历的婚姻，则既是愤恨又是畏惧。同时，我发觉身边的长辈之中，也少有婚姻幸福的榜样，又怎么会对亲密关系有信心呢？

然而，潇潇对我又如此重要，在我生命中不能没有他。因此，两人每次产生矛盾都会演变为严重的"存在危机"，走过一段持续三年的"低气压"，直到走进死胡同，才最终被迫认真求解。当时，我刚好休学，便借机对自己的心智与处境进行整理。

过程中，我和潆潆在心理咨询师的辅导之下，发现两人冲突的原因，大多是一些沟通的技术问题，因为不懂得尊重对方的"情绪界线"，也没有正确地表达自己的感受与需求，以至于造成了许多的伤害。

除了面对技术问题以外，同样重要的是，我接受并且尊重父母亲的命运，看见父母双方各自的历史因果、苦衷和奉献，不再为任何一方打抱不平。我将你们的功课还给你们，不再以为我有能力帮你们完成属于你们的功课，因为这些功课，只有你们两个才能够面对。放过了你们之间的过往，我才有机会开始过上属于自己的人生。

不过，我可以和潆潆走过多年的"低气压"，还能够让关系焕然一新，至今两人心灵相近，可能也要感谢你。你曾经说过，人们无论因为什么原因相聚，也将会因为同样的原因分离。商业上，为了发财而聚在一块儿的人，赚了钱就会散去，没赚钱更是可以散了。婚姻中，为了"浪漫"和"激情"而在一起的人，也少有人能永远维持这种化学反应。最终，浪漫消逝，激情退去，人也就散了。若是有任何两个人希望长久在一起，必须要找到一个永远不需要消逝的原因，而你认为"共修"便是这样一个可以长久不散去的原因。只要双方有意在关系中不断取得进步、成长，便永远有原因在一起。

我和潏潏都认同这个说法，也因此永远一起学习。

默蓝

（回信）

默蓝：

你这封信差点把老爸弄哭了，是一种惭愧中掺杂了欣慰的强烈感受。惭愧的是，老爸的婚姻及感情史，让你对婚姻失去了信心；欣慰的是，你靠自己走了出来，且仍有信心走上婚姻的道路。说不定老爸还能沾点光，见证新时代的美满婚姻，顺便含饴弄孙一番。

说到惭愧的部分，我于人生后期，也认真整理了一下。自己在婚姻和感情上，为什么会弄成这样？同时也思索，为什么在我们这一代人中，令人称羡的佳偶这么稀有？我发现这里面有我个人因素，也有时代因素。

先讲时代因素。在我祖辈以前的传统婚姻，基本上是家族事务，个人感情不重要，称职扮演角色才重要。因为家庭稳定攸关生存，谁缺了谁都活不下去，而男女感情是靠不住的，因此刻意忽略不计。到我父母那一代，开始允许自行择偶，但仍需父母同意，算是家族、个人"混合制"，爱情在婚姻中开始有一席之地，但仍属稀有，算是奢侈品。到了我这一代，婚姻观正式"现代化"，爱情开始被视为婚姻的重要元素，且进阶为必需品。到了你这一代，在我看来，婚姻好像成了选择题，如果不想生小孩，很多人开始选择不婚。

总的来说，几千年的婚姻家庭制度，在进入现代转型后，大约在三代人之间，越来越脆弱。

从时代角度看，不难得出以下结论：若单纯以爱情为名义"道德绑架"，"从一而终"的婚姻将日渐稀有。这是大数据现象，与个人价值观及好恶无关。

再讲个人因素。我算是成长于"半单亲"家庭，少年时期的家庭生活不能称之为愉快，因此对"幸福家庭"这个概念充满了矛盾，既不相信，又暗自向往。有关爱情的概念，基本上来自小说电影，令青春期的我怦然心动，立志效法。最后的实践"成果"，你已经看在眼里了，自不赘述。

近十年来，我反省自己在两性关系中的种种，发现了许多"误会"，愿意在此和你分享。

其一，我成长的环境，造成情感发展上的许多压抑和欠缺，总想在两性关系中弥补这个"缺"。后来才发现，这是一种不可能实现的幻想。

其二，我在亲密关系中，基本上跟着感觉走，总觉得一旦使用头脑，就失去了浪漫和真情。因此我在感情上不够认真，不太顾虑结果，其实是在深层意识上不够看重。

其三，我无意识地把幼年时与母亲相处的错综复杂的"情意结"，不断放大投射到两性的亲密关系上。其中混杂着渴望与恐惧：想要亲近又怕失去自由，需要对方又看轻对方，讨好对方又想证明自己是强者的种种矛盾。

总而言之，"两性关系"成了我此生最大的功课，好像一直做不好、做不完。这其中还隐含着幼年时写的人生剧本，在亲密关系中不断回到那个想"逃家"或不敢"逃家"的童年戏码。而这一切，都是在其过程中自己不想面对、不愿承认的，时过境迁多年后，才发现"原来都是因为我"，与别人关系不大。

爸爸跟你说这些，是提醒你两性关系是不容易的功课，期待越高就越难满足。因为在伦理关系中，夫妻是唯一没有血缘的，两人成长于不同家庭，有着不同的缺憾和期待，携带着各自的幻想投射和无意识的人生剧本，却都希望通过对方让自己的生命完整。这功课，如果想得太简单，是注定会失望的。

这就是为什么我说圆满两性关系的唯一途径就是"共修"。共修的前提是：

其一，彼此对对方的生命好奇，愿意在关系中全然敞开自己。

其二，认真对待，不怕冲突，勇敢在关系中做自己，也允许对方做自己，互相给对方全部的自由；在关系中没有"不得不"，心甘情愿为对方改变，但不要求对方为自己改变。

其三，把爱与需求分开对待，不期待对方因为爱而必须满足自己的需求，也不委屈自己来满足对方的所有需求。

其四，为自己的人生负全责，让自己尽量保持"有爱"的状态，不让"被爱"成为自己的需要和对方的义务。

听我这样的描述，你一定也知道，在亲密关系中共修，是高标准的挑战；若能"修成正果"，则有机会活出令人向往的境界。但这绝不是天上掉下来的礼物，只有发愿共修的亲密伙伴才能携手同行。

最后，看到你来信中的描述，我很欣慰你和潇潇已经走上了共修的道路。如今你们已经相处多年，度过情感低潮，经历共同学习，承诺一起共修；尤其是，你能面对自己在情感中深层的恐惧，勇于自省和寻找出路……这一切，都是当今之世极为难得的。爸爸愿意给你们全部的祝福，也相信你们能走出自己的圆满道路。做啦啦队似乎是我唯一可以扮演的角色。加油！

爸爸

第7封信｜无关输赢

质灵的信

爸爸：

我必须承认，自己一直不太习惯在您面前说太令人肉麻的话。我总觉得我们父女的对话场景大部分时候像两个逞凶斗狠的硬汉，不断确认彼此的观点在什么位置，一旦嗅到对方威胁了自己拥护的立场，就一定要精准地打得对方中箭落马。

也许爸爸逻辑思维能力太强，理性脑太发达，跟我对话时似乎难免展现一下自己这方面的优秀天分。但身为一个主要成分是"灵感"和"感受"的"艺术人种"，面对爸爸的实践经验和理论大军压阵，我实在无法招架。中箭落马的，当然一定是我。

于是结局总会是，不常流泪的我也难掩哭泣，换来一个爸爸的挫败表情和几句"怎么又哭了""我这样是为你好"。听完这话，我的白眼立马翻到了后脑勺。

现在我也忝为人母，有时看您这样觉得又可恶又可爱，又好气又好笑。我心里总想：我要体谅点，对这样的我、这样的年龄、这样的处境，爸爸其实也是第一次面对，算得上是"新手父亲"，我同为"人母"，何苦为难您"人父"呢？不计较了，其实为人父母，我们俩都修得半斤八两嘛。

这当然是开玩笑。其实，出于爱与您连接，我长大后与人相处时，也很"忠诚"地跟爸爸学会了能言善道，常常赚得几分自我感觉良好，却也输掉不少心与心的连接（这一点，我想我老公应该会举双手赞成）。

但神奇的是，您和我都在生命的进程中同时明白，赢了道理输了心，其实并不是我们真心想要的。

我真的看见了，您在不断"练习"跟我对话时，少说一点道理，多一点聆听。我相信这对您来说一定很不容易，毕竟有很多人为了请您指点迷津，甘愿付钱听您说话呢。

我很幸运，身为您的女儿，可以从您身上学到最真挚新鲜的生命智慧；但同时也正因为是您的女儿，所以很辛苦，因为当我们的关系混合着父女、师生、生命教练、朋友和共修的多重角色时，心的感受是复杂的，至少我是这样。我会尽量从您的角度看事情，体会您的难，因为对于生命最甘美的体悟，想必您第一个想要分享的对象，一定是我们，但我们又是您在智慧传承上最如履薄冰的人。关于多重角色的部分，我会与您单独深聊。我在这里想说的是，感谢您出于爱，不论多难都持续练习修正我们的关系和沟通方式；我相信我们的共识是：在爱里没有输赢，爱就是一切的答案。当我们把心敞开，让爱流动时，您想要分享和传承给我的心意与智慧，更容易被我接收。

还记得大概从十年前开始，我们每次通完电话，无论是闲聊、正经论事还是冲突，您总是会在我们挂电话之前，练习跟我说："爸爸爱你喔！"我也总会立即回应："我也爱您！"

其实直到现在，我每次听到这句话时依然都内心起伏，一方面是感觉有点别扭，这个感觉位于"内在小孩"的位置。我们过往的父女关系剧本中，不论是外在环境使然还是彼此的相处，都让我的内在小孩始终无法信任爸爸是爱我的，那个幼小的内在小孩总觉得我对你来说是一个负担，是一个必须面对的道德责任，所以总觉得您说出的那句"爸爸爱你"是一个责任。

另一方面，这句"爸爸爱你"又是如此地触动着我，它在我的灵魂更深处的那个位置，在那个更接近我本质的位置，我几乎可以感受到我们的灵魂是如何"自主"地安排着我们注定要在此生成为父女，以及成为这样的父女，只因为您爱着我，我也爱着您。同时，我们也深爱自己，所以甘愿经历这一切。无论过程中我们将经历多少挫败、流下多少眼泪，承受多少无奈，都是我们灵魂决定要去体验的，这些体验也是我们灵魂渴求的。这句"我爱你"就像一座灯塔、一个提醒，让我知道这份爱不只是表面角色下的一种"责任"，而是一种早在我出生之前，甚至早在您出生之前就存在的爱，一种无条件的爱。

谢谢爸爸说过的每一句"爸爸爱你"，无论是刚开始有点别扭地说，还是现在自然真挚地说，对我都无比重要。

质灵

（第 1 封回信）
————————

质灵：

读你的信，有点五味杂陈。没想到那句"爸爸爱你"对你这么重要；没想到我时常忍不住的提醒，带给你这么大的压力。所幸我们已经在认真找回曾经错过的东西，谢谢你给爸爸机会，毕竟这并不是每个父亲都能得到的。

回首从前，觉得我这个爸爸，当得真是漫不经心。常用自以为是的判断，就自认为一切都了解了，以至于很少耐心听你说话。有时即使你说了，我也不能感同身受，常常不以为然。因为我总是把自己的经验投射在你身上，觉得这种事我会这么做，你为什么不可以？我忘了你不是我，你的处境跟我不一样，而且你是女孩。

更有甚者，有一段时间，我还把在公司发号施令的状态，带到父女相处中……真是不堪回首。我的这些习性，由来已久，的确不容易改，但你也知道，我正在努力改正中，请给我一些时间，请随时提醒我。

说起父女的感情，我们算是先天不足，且一路坎坷。我有关父女间的甜美记忆，多数都是你婴儿时期的，而即使那时候，由于我忙于工作，我们相处的时光也不多。你五岁后，我们更加聚少离多，同住一个屋檐下的日子屈指可数。尤其是我跟你母亲离异后关系不洽，更造成了我们之间的隔阂。

这种久久才见一面的父女关系，只能算是不绝如缕罢了。

表面上，每次见面，我都是尽量讨你欢心，实际上，好像连庆祝也谈不上，仪式的性质更多一些，至少我是这样感受的。在这期间，偶尔有欢乐和爱的火花乍现，但送你回妈妈家后，我就很长一段时间见不到你了。我们都知道，一旦你妈发现我们"父女情深"后，就会产生防御状态，因此我们关系不能太好，免得承受过多的挫折和无奈，还是彼此冷漠一点，日子比较好过。

这种状况持续了长达十年以上。你信中说，不相信爸爸是爱你的，感觉你在父亲心中只是责任和负担。我完全了解你的感受，因为身为父亲的我，同样没有在相处中感受到爱的流动。如果用比较冷酷的形容，那段时间的父女关系，有点像鸡肋，食之无味，弃之可惜。而这种见面时有一种莫名的压力，无法敞开交心、让爱自然流动的状态，可能在不知不觉中形成了一种模式，影响到你成年后我们的相处。

想到这段往事，我深感惭愧。因为以我如今的了解，那段时间的无奈并非命中注定，是有可能改变的。

你那时候年纪很小，不可能改变现实，当然应该由我来承担。撇开我跟你母亲关系没处好，让你在单亲家庭中辛苦成长这一段，至少在离婚后，我也应该为了你，无论如何都放下对错是非、恩恩怨怨，尽心尽力跟你母亲把关系处好，让她能心无挂碍，衷心希望我们父女能保持深度连接。但我那时个性要强，也没智慧，觉得只要分手之后双方能维持表面和谐，就算难能可贵。结果，当然是让你受苦了。爸爸要为此向你深深地道歉。

我的醒悟，迟到了整整二十年。直到十多年前，我全身心投入人生学习，才通过你，让你母亲也进行同样的学习。之后，我们彼此向对方表达忏悔和感谢，关系终于有了更深的和解和突破。在我印象中，我们父女关系的真正转变，也是从那时候开始的。

这件事，如果我能早二十年做，不仅我们父女关系会不一样，也许你的人生也会很不一样。无论如何，过去错过的，让我们用心弥补，把没能长全就夭折的父女感情，重新培养起来。

（第 2 封回信）

质灵：

你在信中提到，大约十年前，爸爸开始"练习"说"我爱你"。"练习"这个词，你用得很精准。

因为我的确是在练习。我以前从没说过这三个字，无论对谁。

在我成长的环境中，是没有"我爱你"这三个字的。我从没听过任何人跟另一个人说这三个字，除了翻译小说或美国电影。因此我觉得，这三个字是老外才会说的，不是我们东方人的语言。我不排斥这三个字，但觉得没必要说，说出口很肉麻。

成年后，对这件事的解读是：东方传统的亲密关系，比西方更稳固而深刻，是一种毫无悬念、负责到底的承担。尤其是血缘关系，接近于宿命或信仰，绝不只靠感觉。西方人那种爱来爱去的关系，注重缘起缘灭的感受，常常经不起考验，挂在口头上，容易流于肤浅，像我这么有深度的人，当然不屑为之。

这些，当然都只是我的认为。青春期后，我在行为上，变成了拼图式的"中西合璧"：在两性关系上，深受西方浪漫主义影响；在亲子关系上，却仍扎根于东方传统。其结果，就是如你所见，老爸在两性关系上不太稳定，在亲子关系上又不太深刻，弄成了不中不西、不伦不类的尴尬模样。

直到十余年前，我放下了自己创办的事业，投入以修身为本的人生学习。在一个课堂中，老师带大家练习说"我爱你"，让我们下课后继续练习。我听话照做，一做就做了好多年。

你当然是我"练习"的重要对象。刚开始对你说"爸爸爱你"时，的确有些尴尬。但即使如此，说出口时，内在还是隐约有一些震动，好像有一种不太熟悉的内在能量，在隐隐苏醒中。尤其在你说"我也爱你"的时候，那种感受更加清晰。我想所谓的以假修真，大概就是这个意思吧。我们内在有一些能量，的确需要通过语言，甚至仪式，不断地唤醒，才能让它那微弱的火种不至于熄灭，就像佛家修行中的持咒一般。

我印象最深的练习对象,是你爷爷(我继父)。你也知道,你爷爷军人出身,态度严肃,沉默寡言。

那时你奶奶已过世,你爷爷 90 岁了,跟我同住。我鼓足勇气,从拥抱开始"练习",日复一日,直到他接受并习惯了拥抱,才说出"我爱你"三个字。过了一阵子,他也用英文说"I love you"。我猜在他心目中,这三个字用中文实在说不出口,情急生智,用英文给挤出来了。自那以后,每天我出门时,他都会在门口等我,上演"我爱你"的拥抱仪式。我想,他已经九十几岁,可能每天最大的事件,就是和我这个继子拥抱说"我爱你"吧。

以上讲的是爱的表达,接下来要分享爱的体验。

母亲生下我时,她才 18 岁,就做了寡妇。她在台湾无亲无故,只好把我寄养在隔壁裹小脚的老太太家,自己到外地工厂做女工。我童年记忆模糊,只留下了一幅画面:有一天,老太太清晨把我叫醒,只见床前站着一位穿碎花裙的年轻女子,老太太叫我喊她叫妈妈,我喊不出来,她就不由分说把我抱起来背着,兀自刷牙洗脸起来。我双手搂着她的脖子,脸贴在她背上,闻到她身上的香水味,觉得很幸福,好想就这样一直下去。

这是我童年唯一留下的被母亲拥抱的记忆。三岁多后,母亲接我同住,开始了我被严管严教的童年生涯,但从此没有再留下任何亲密相拥的画面。童年经常重复的记忆，是我调皮捣蛋闯了祸，被母亲抓到打骂一顿，然后母亲流着眼泪倾吐坎坷人生，最后的结论就是，我们母子都是命苦之人，只能相依为命。"相依为命"这四个字，因此成为我童年对感情世界唯一的注脚。至于"爱"这个字，是青春期从小说和电影中学到的，虽然十分向往，但总觉得那只属于男女间的情感。带着浪漫骑士的情怀，我在这条道路上经历过不少探索和冒险，虽然过程免不了波涛汹涌，但最后更像是一场游戏一场梦，在感情的世界反复轮回后，才发现自己根本不懂什么是爱。

直到中年后期，才日渐体悟到，爱其实是一种生命的能量，必须通过连接才能流通。一个跟自己生命内在源头连接的人，才能在生命内在产生爱的流动，也才能连接外在的生命，让爱的能量在人与人之间自然流动。爱不是脑的活动，是心的流动，正如王阳明所说："无善无恶心之体，有善有恶意之动。"爱是"心之体"，道理是"意之动"，爱和道理各走各的路。因此，爱不讲道理，更不是游戏或角色扮演。

有了这个体悟，我才看到，母亲和我这一对"苦命母子"，因为早年际遇的坎坷，可能都在生命前期就启动了求生机制，关闭了感受爱的开关，失去了生命内在的连接，只能靠头脑、意志力和梦想求生，因此，我们可以承担责任、扮演角色，甚至于在关系中有所追求。但这些都不是爱。严格说来，我们失去了爱的能力。我此生最大的功课，就是把爱的能力重新找回来。

你说我是在练习说我爱你，其实我真正练习的，远远不只是说，而是把爱的感受找回来。为什么过去我们每次见面，我总忍不住要跟你说道理，最后弄到不欢而散？因为我总是担心你。担心是脑的作用，关心才是心的作用。我只会用脑，不会用心，所以给不出关心，只能担心。在你最需要来自父亲的爱的时候，我给不出来，因为我没有。我只能尽力扮演父亲的角色，给你外在的支援和人生的忠告。而我的忠告，在缺乏爱的支撑下，变成了让你感觉自己不被认可的挫败感。

你说，在爱中没有输赢，爱是一切的答案。说得有道理，但爸爸除了希望你幸福外，没有别的要求，又怎么会想要赢你呢？每次你觉得自己中箭落马时，也是我深感沮丧的时刻。这种时候，其实一直都是双输。关键从来不是谁输谁赢，而是爱的缺席，是因为爸爸没有爱，不会爱。

还好我们现在都承诺要共修，也已经走在共修的道路上。你要修什么功课，请告诉我，看我还能做些什么。我要修的功课，就是为自己找回爱，然后好好爱你，把过去没能给你的，全部补回来。请你随时提醒我，帮助我。

爸爸

第 8 封信 | 温柔的告别

质灵的信

亲爱的爸爸：

最近我身边的朋友又有好几对离婚了。

其实"离婚"在现在的时代，已经不是什么令人震惊的事情，因为发生得太过频繁，成为一种司空见惯的现象。不论是媒体上的名人或是市井小民，只要结婚的人都有可能离婚，也算是一种社会现象。

但是让我觉得感动的是，最近刚好有机会看到几个亲近友人离婚的过程，我见证了前所未见的爱与尊重——他们让告别的过程温柔而清晰。习惯一起生活的人将分别走向各自的道路，让人感到难忍的不舍，但因为双方都是如此接纳自己和对方，真心爱对方并希望对方好，所以过程中的痛没有被隐藏，也没有化为互相伤害，他们让自己的泪顺流，不论男性还是女性，都接纳了自己的脆弱，并勇敢地表达，而所有的脆弱也都被双方接受了。最终这个过程和信任，让彼此有了力量，告别了亲密关系，笑着给予对方真心诚意的祝福，依然成为彼此生命中重要的朋友。

朋友们告别亲密关系的做法，给我莫大的感动，让我体验到告别也可以如此尊贵而庄严，既不羞耻，亦不隐藏，而是一种爱的伟大展现。感恩有这些很好的朋友，让我也有机会思考和反省自己生命中有过的分离。

在关系形式的选择上，因为社会压力的减弱和家族期待的淡化，年轻一代的我们好像多了很多的选择与可能性。对于建立关系的初衷，也早已不再是因为共存或繁衍后代。我们其实对关系的意义有更多的想象和期待，但是对关系本质的理解却还是过于稚嫩，像在汪洋中探索一处梦寐以求的圣地，所以导致一再的尝试和一再的分离，频率越来越高。

我自己就是这样的历程。因为知道自己的父母都各自有三到四段婚姻，也深深体验了父母离异过程带给我的创伤。小时候的我连想都没想地就直接把"婚姻"这个选项删除，好像我的世界里没有这个词，更别说要有孩子。我觉得孩子来到这个世界就是来受罪的，这个世界充满污染和不快乐的大人，我已经没有对婚姻的向往，更不会想要有自己的孩子和家庭。成年后的我，抱着这个想法，直到 24 岁。

但是令我自己都费解的是，在我24岁第一次建立伴侣关系的时候，短短的时间内，我居然就决定要订婚了。记得爸爸当时非常震惊和不解，在爸爸试着延缓我的决定，让我有更多时间去思考和沉淀的过程之中，我依然态度坚决且冷漠，因此使我们的父女关系受了一次重伤。

事实是，确实如爸爸所担心的，我当时并不是因为一个纯粹的初衷而想要踏入婚姻，而是因为我太急于离开我的原生家庭。我就好像一个在高速公路边拦车的人，急着要一跃搭上顺风车离开原本的生活，即使自己没有准备好，也不管这辆车将开往何方，只要有人停车，我就鲁莽地上了车。

这些感受，是我经历了分离后才慢慢体悟到的。过了不久后，我们取消了订婚，没再联系。我也就此开始了在伴侣关系中的全面尝试与探索。解除订婚的过程虽说是平静收场，但当时我很鄙视自己的行径，觉得自己既愚蠢又羞耻，因此更下定决心，不再思考跟婚姻有关的事情。

之后我又建立的几段关系，也因此历经了几次分离。这些分离的过程，让我体会到了缘分的聚散原来如此无常。在当下，一个曾经陌生的对方瞬间就像是自己的全世界，那种感觉就像超越了时间、空间的局限，但是没多久后，个性的磨合、日常相处的落差，这些考验袭来的时候，我就感觉想要逃避了。因为没有想要再踏入婚姻，所以自然就不会想要花太多时间去磨合，总觉得自己可以往下一段旅程前进了。就这样离开了一段关系，进入下一段，随着时间的推移，对方又像变回了陌生人。

分离的过程，我总是处理得很粗糙，虽然努力想要降低伤害，但是终究没有智慧让双方带着祝福离开关系，而是留下了很多的愤怒、没有表达完的心思和遗憾。而当新的对象出现时，一切的苦又会被淡忘，新的世界又开启了，然后同样的故事又再重演一次，一再重复和循环。

现在的我，常常想起过往这些来到生命中的缘分，再想想自己的对待，总觉得非常惭愧。如果有机会用现在的自己回到过去，有些欣赏的人可以不用转化成伴侣关系，也许朋友关系更适合。太多的关系，它的基础并不是爱，而是一种当下的热情和依赖。太多分离的过程，如果有机会重来，我一定会带着更多的感恩与尊重，让对方能感受到虽然关系不再，但是感恩与爱是长存的。

虽然没有机会再见到过往的伴侣，但是仍时常在心中默默祝福着对方，希望对方现在过着幸福喜悦的生活。

爸爸的生命中也经历了不少分离，您是怎么看待这些生命的历程？对于有更高概率体会关系的建立和分离的当代年轻人，您会有什么样的提醒呢？

质灵

（回信）

——————————

质灵：

读你这封信，爸爸非常安心，感受到你对亲密关系已有深度的内省和透彻的了解，完全有能力经营属于自己的美好关系。但你既然愿意听爸爸分享，我就也说几句。

你信中的主题，是如何面对关系的缘起缘灭。我的体会是，通常，关系因何而起，最后也会因何而灭。有一句俗话"因误会而在一起，因了解而分开"，精准地描述了许多关系的缘起缘灭。

尤其是两性亲密关系，在关系肇始之初，往往夹杂着各种不同层面的需求、投射和幻想，其中有一些是我们自觉的、承认的，更多的是我们不自觉、不承认的。往往是先蒙骗了自己，再互相蒙骗，而且十分享受这种蒙骗。爱情如此吸引人，重要原因之一，就因为它是想象中的救赎。

所谓"爱情是盲目的"，是一个半真半假的描述，因为盲目是真的，同时也是故意的。

事实的真相是，爱情游戏不盲目就不好玩。这种状态，其实只是两性关系周期的第一阶段，关键词是"浪漫"。浪漫意味着忽略现实，把自己和对方物化或神化，尽可能创造令人向往的感受。

当感受不足以掩盖现实的时候，就进入周期的第二阶段，关键词是"权力"。用大白话来说，就是在双方有交集的各个层面，当观点、意见有分歧的时候，谁该退让？谁该认错？谁说了算？双方都把内心最不能接受的，投射到对方身上，都想改变对方来适应自己。结局通常是冲突或忍受，以其中之一为主，或轮番上阵。

如果有幸未以"分手"或"怨偶"为结局，亲密关系就有机会进入第三阶段，关键词是"整合"。在此阶段，仍会偶有冲突，但双方都不逃避，仍能保持真实敞开和互相好奇，接受彼此不同，给予彼此空间，在关系中相互探索、携手成长。严格来说，进入这个阶段，走出了浪漫或冲突的"游戏"，亲密关系才算真正开始。

度过了这三个阶段的考验，关系才可以进入真正的"承诺"期。此时给出的承诺，才是基于真实了解、完全发自内心且能够得以实践的。接下来，亲密关系终于迎来了大丰收，关键词是"共创"。

两个人在一起无论做什么，都会一加一大于二，有如点石成金，成为真正的灵魂伴侣。

以上对于关系的描述，是一个完整的周期。但事实上，大多数关系都无法走完整个周期。许多关系在"浪漫期"尾声、热情逐渐消退时，就主动结束，各自去追寻另一段浪漫。如此缘起缘灭，一段接一段，换不同的人，玩同样的游戏，从未触及真实的自己和对方，也未曾体验过在关系中的成长，甚至可以说，从未拥有过真正的亲密关系。

更多的案例，是在"权力"期无法面对真实的自己和对方，不能足够成熟地处理冲突，于是以分手收场。其中更有大部分人，因为诸多现实考虑，没有勇气分手，也没有能力改变，成为有名无实的伴侣。在这样的关系中，通常带着内心深处的怨恨，努力维持表面和谐，委屈过一生，等于在亲密关系这门功课上，交了一张不及格的答卷。

从关系周期的角度看，十分讽刺的是，在"承诺"期做出的承诺才是真正有效的，但很多人根本没机会进入"整合"期和"承诺"期，就在"浪漫"期和"权力"期相互给出承诺，进入婚姻，甚至生了孩子。

所谓"轻诺必寡信"，诚哉斯言也！

你老爸的前两段婚姻，就是典型的负面教材。在遇见你妈妈之前，我和你吴阿姨维持了将近五年的婚姻。我们是大学前后期同学，毕业都进入新闻界工作，曾经是圈内公认的"金童玉女"，相恋近七年才结婚，前后总共维持了 11 年的伴侣关系。我们的分手，跌破所有人眼镜，没人知道为什么，连我们自己也不知道。事实上，在决定分手前，我们仍然相知相惜，有点像兄妹，但不太像夫妻。如今回想起来，其实原因只有一个：我们都认为婚姻必须以爱情为基础，而爱情是不可以打折扣的；如果不能再像以前那么相爱，就不该继续在一起。

听到这里，你有没有觉得老爸太天真？的确是的。我年轻的时候，活在一个完全相信爱情、勇敢追求爱情的浪漫时代，我和你吴阿姨身为浪漫爱情的代表，岂能不以身作则？如果和我在一起的她不再快乐，就应该让她去追寻自己的人生。"为赋新词强说愁"，就是我们当时的写照；对爱情这件事的天真解读，就是分手唯一的原因。

也因为如此，你吴阿姨至今跟你老爸还是像亲人一样。你在美国念书时，她老公开长途车载我和她一起去看你，也邀请你到他们在纽约的家里做客。你妹妹的妈妈也和你吴阿姨很要好，最近两年还邀请她一起过母亲节、吃年夜饭。你一定也记得，几年前我曾带你去上了她的三天工作坊，她出版的两本书也都是我写的序。事实上，我在二十多年前首次接触生命内在的体验，就是因为你吴阿姨和她老公对我进行了"疗愈"，播下了其后走上不同人生道路的种子。

关于你吴阿姨，我有一个最深刻的记忆，就是跟她离婚多年后，我在一个学习的场合，被要求回答一个问题："在一个月黑风高的晚上，处身在一个悬崖边，踏错一步就粉身碎骨……如果在你身边有一个人牵着你的手，你觉得会是谁？"我当时完全不用思考，脑中瞬间浮现出来的影像就是你吴阿姨。而当时的我们，身处地球两边，各自有家有小，已经多年没有联系，居然在灵魂深处还有这么深的信任，连我自己也吓一跳。从某种意义上说，我和你吴阿姨应该算是"分手典范"。其中一个很重要的原因，是我们在分手前，并没有彼此怨怼和互相伤害，是在一种"对爱情误会但对彼此了解"的状态下分手的。

另有一点，我很赞同你的体悟：我们常常分不清缘分的属性，不知道如何处理男女之间相知相惜、互相欣赏、互相爱慕的关系，只知道"恋爱婚姻"这唯一模式，当发现这种模式不合适的时候，又不知道接下来该怎么办。由此我有一个不同的感悟：关系并没有"分手"这回事，它只会转换形式和性质。就有如 H_2O，在不同的环境条件下，分别呈现出水、冰、气的形态，只是转换形式，并无生灭。一个对缘分真正了解的人，曾经相处过的人永远不会变成陌生人，只会重新定义彼此的关系，用不同的方式相对待。某些缘分，应人生阶段的需要而缘起，完成阶段任务后即缘灭。相处的缘分不再，但爱与感恩的记忆，仍可长存。

对缘分有这样的了解后，我有一个简单的标准，用来检查曾经发生的所有关系：如果想起任何一位曾经有缘深度相处的人，心中不舒服而笑不出来，就表示功课还没做完。如果有什么可以做或说的，我就会设法完成；如果没有需要做或说的，至少在心中默默地认错、感恩与祝福，直到能笑出来为止。认错、感恩与祝福，其实就是一种爱的状态，带着爱的状态看待一切关系的变化，是唯一可行的做法。

最后，也要交代一下和你妈妈分手的心路历程。因为我和你妈妈是熬不过"权力"期而分手的，因此在分手后很长一段时间，虽然我们为了你而维持表面和谐，其实内心仍有恐惧和怨怼，因此造成你童年时期的创伤。还好十多年前有机会通过你邀请你妈妈和小爸一起经历各种人生学习，化解了过去暗藏的积怨，相处上才有了很大的改观。一个最重要的里程碑是，几年前大家有缘聚在一起，谈起以前的往事，狂笑到在地上打滚。你曾跟我说过，那是你人生最重要的一个回忆场景，其实对我来说也是一样。自那之后，我想起你妈妈的时候，终于可以心无挂碍地微笑了。我和你妈的功课，终于可以交卷了。

如今，我很感谢我们有机会成为外公和外婆，一起爱着我们的外孙女；我很欣慰我们两大家子老小，可以一起吃团圆饭，让小孙女有机会目睹：缘分最终是可以如此圆满的！

经历过这一切，我也相信，你的父母过去没有做好而留下来的业力，会通过你的了解和学习而终结，不再代代相传！

爸爸

第 9 封信 | "修"成正果

质灵的信

亲爱的爸爸:

现在我已经为人妻了,但您一定没想到,其实我会选择泰元作为我的终身伴侣,您对我的影响很大喔!

三年了,我跟泰元有着美满的婚姻生活,我们一起用心照顾孩子和我们的小家庭。虽然身为婚姻道场和为人父母的新手,每天都有着形形色色的关卡等着我们破关,但是我们都很乐于面对挑战,每一次的跨越都成为我们感情的深厚基石。我们的朋友圈多数为艺术和音乐工作者,在这个时代,艺术圈子里的许多年轻人选择不婚不育已是常态,"结婚生子"对我们来说反而是最叛逆的宣示,没想到,有许多朋友因为看到我们婚姻如此幸福而动摇,起了想"叛逆"一下的念头。

我和泰元从相爱到结婚的过程火速,看似像凭直觉,没有太多的头脑评估和条件筛选比较,就决定彼此是对的人了,但是看似闪婚的过程，其实我们都很清楚，是因为有之前长时间的内在沉淀和酝酿。而我自己会有这样的酝酿，是因为爸爸曾经给过我的陪伴。

我自觉算是比较晚才情窦初开，爸爸应该也记得我这一路的莽莽撞撞，好像是怕自己青春飞逝，短短的时间内想要把世界都好好看一遍，所以不免起起落落，但所幸高山和低谷的风景都完整收集到了。虽然我没好好表达过，但我很感谢爸爸在我的感情之路上给出的陪伴，我知道您有过担心，也慎重地给过我建议，也曾认真地聆听过我的想法，我却不记得您有过指责或倚老卖老的硬性规定，依然保留了空间让我去探索和体验，这对我真的既温暖又珍贵，所以我也在最终的茫然下，可以自在地回到您的身边，问了一个对我来说非常重要的问题，而您的回答也一直深远地影响着我。

记得那时我已对爱情不像过往般冲动和好奇，我不再急着进入感情，反而因为经历了一些事情后，开始反思自己想要经历的究竟是什么。我甚至开始不确定自己要的是什么了；我想要知道自己要如何评估哪些感情适合投入；要经营长久而稳定的关系时，其思考的基准和智慧又是什么？

记得某天晚上我打电话认真地问爸爸："爸爸，究竟怎么知道我该不该嫁给一个人？"

记得爸爸那天认真地对我做了一个很好理解的比喻。您说要先懂得婚姻是一个道场，如果双方都能够认知到婚姻的本质是一起修行，那一切就会有一个很好的开始。

另外，拥有共同的内在目标也很重要，两人不是一直不断地望向彼此，而是一起望向那个在婚姻和生命道路上要共同体验的目标。就像要一起去冒险爬一座险峻而美丽的山，我们一起看着山顶那个共同的目标，在旅行的路上彼此支持和协助，会让整个旅程的体验很美好。有一个频率相近的旅伴，也许一路上说说笑笑，该扎营休息的时候可以一起扎营休息，该鼓励彼此撑过一段冲刺的时候，一起努力前行一起承担，共同享受彼此陪伴的同时也一起体验山的美好，更一起共享了到达山顶的成就。但是我们也都有过旅伴频率不协调的时候，本来一路上挑战已经不少，彼此还要花心力不断争论该往哪个方向走，休息和前进的时间不一致又不愿意彼此承担责任，最后不仅整路的美景都没有欣赏到，而且在彼此内耗，无法互相帮助的情况下，最后旅程也无法完成。

您最后跟我说，您不会告诉我该不该和任何人走下去或是结束关系，但是身为父亲，您当然希望我的生命旅途中有一个可以与我互相扶持的旅伴，因为人生有好多的风景可以欣赏，当然不希望我花大部分时间"修关系"，而要去好好体验这世界的美。

那天爸爸的回答成了我很重要的祝福，我都好好地收在心里，成了我在生命路上的定心丸和护身符。

遇到泰元之前的一年，我正决定要好好地把感情生活按下暂停键，想好好地享受单身的生活，观照自己过往这些年究竟收到哪些"礼物"，想要好好整理和沉淀一番。在那个暂停的过程中，我才认知到关系是多么大的事情，它是两个生命带着身后太多的历史和业力而交织出来的。因此我想要修正和改变惯性，并对"关系"给予更多敬畏与尊重，我需要有意识地为自己的下一步做一个决定。我决定我的下一段关系是一个共修的关系，我们彼此都认可关系是爱的道场，我们会在这份关系中认识自己和修正自己，让彼此活出最好的自己。如果没有碰到这样的缘分也没关系，就算单身一辈子，也甘之如饴。

没想到，刚许了这个愿，没过多久，我心中非常欣赏和尊敬的好朋友泰元，就成了我的伴侣，也一路成了我的先生和孩子的爸。他是一个孝顺体贴的人，我们一起在关系中共修，爱着彼此和我们的孩子。他鼓励我去突破自己，而我也是这样对他。他依然是我的好朋友，更是我一起修行的伙伴。

谢谢爸爸用人生经验送给我的礼物，让我记得生命的本质是体验和修行，所有的关系都可以让我们照见自己，并选择在过程中活出最光辉的自己。而一个有这样共同认知的伴侣，带给我好多的快乐，这个婚姻旅途真的风景很美，我对未来充满期盼。

谢谢爸爸！

质灵

（回信）
———————

质灵：

你对我有关"选择伴侣"建议的肯定，老爸万分受用。因为我自觉最没资格给你建议的，就是这件事。谢谢你愿意听，并用做到来验证。

就我的观察，你结婚生子后，确实产生了脱胎换骨的变化，人生好像"锚定"了，散发出成熟女性的气质。这一切，应该就是你在"婚姻道场"中修炼的成果。相信你现在一定有体会：不仅是亲密关系需要修炼，而且是一个愿意自我修炼的人，需要把亲密关系作为道场。

老爸还记得我们有关两性问题的第一次交流，那时你大约

23岁，还没交过男朋友。我很认真地问你：是不是不喜欢男生？如果只喜欢女生的话，可以跟爸爸说，爸爸可以接受。那时你哈哈大笑，说爸爸想多了，你只是还没碰到合适的对象，还没开始交往而已。

后来，大约十年前，你已经有了异性交往经验，咱们父女又有一次对话。当时你问我：人为什么要结婚？为什么要生小孩？我跟你说，作为女性，成为母亲是重要的人生体验，而这是有时间限制的。你首先必须决定想不想成为母亲，然后再决定想不想有一个在婚姻中的伴侣，一起抚养孩子。

我对你说：想不想生小孩？想不想跟孩子的爸一起养育小孩？想不想在婚姻架构中过日子？这是现代女性完全自主的三个单独的决定，并不必然捆绑为一个决定。而作为父亲，我会尊重你的想法，你只需要为自己做决定，不需要为我。

最后你选择了结婚生子。你说在你的朋友圈里，这几乎是一种"叛逆"。我能了解年轻人的这种想法，因为事实上，维持稳定婚姻和养育小孩，在当下的社会环境，都已变成艰巨的挑战。老爸欣赏你的勇气，也恭喜你"叛逆"成功。

在十年前的那次对话中，你也问我：选择对象最重要的条件是什么？我回答首要是孝顺。对父母"孝"，表示他有感恩之心；对父母"顺"，则必须完全接受父母、不断修正自己才能做到。

如果一个人对生他养他的父母，都无法心存感恩、不能接受、不愿修正，他又怎么能跟你在婚姻道场中共修呢？

在这里跟你分享一个故事。那是我的课程中一位母亲的分享。她说："我和老伴从结婚后就争吵不断，日子从没平静过。但没想到，我们的儿子却极优秀，而且孝顺到无可挑剔。为什么能养出这么孝顺的孩子，过去我百思不解，直到上课后才弄明白。因为看到自己和老伴争吵的主因，就是我一直觉得在他心中，他妈妈比我更重要。如今我恍然大悟，原来老伴是个大孝子，儿子随了他，才那么孝顺。我一辈子享了老伴的福，却一直怨他，真是没智慧啊！"这个分享，实在发人深省啊！

依我的人生经验，在平起平坐的夫妻关系中，想要影响和改变对方，是几乎不可能的任务。在婚姻中，只能自己决定是否愿意为对方改变。如果双方都不愿为对方改变，可以断言没好下场。如果其中一人不愿改变，另一人就必须做"双份"的改变，相当辛苦。选择婚姻对象，就是在选共修伙伴；对方如果是孝顺的人，成功概率自然大增。你听老爸的话，选了一个孝顺的人做老公，如今看来结果还不错呢。

除了你问我的这几件事外，在感情交往的抉择上，老爸都只有聆听和陪伴。为什么呢？我想先说一个笑话：女婿跟老丈人抱怨，说自己老婆有这个那个的缺点，老丈人只微笑聆听，然后淡淡回一句："你说得都对，所以我女儿才会嫁给你呀！"

这笑话，道尽了夫妻缘分的真相：选对象没有好不好，只有合适不合适。其实也没有最合适，只要相对合适，愿意共修，就有机会修成正果。所谓有缘无缘，其实就看还愿不愿意修。还愿意修，就有缘分；不愿意修，缘分就尽了。

恭喜你们夫妻俩都愿意修，因为接下来的日子一定还会有风风雨雨，但只要两个人都愿意修，就一定能过得去。老爸祝你们一路修成正果！

爸爸

中篇：尊重选择

第 10 封信 ｜ 不厉害也无妨

质灵的信

亲爱的爸爸：

记得几年前，您跟我提过一件事。关于您和妹妹默蓝在一次长谈中，聊到在她成长的过程里，由于您的影响，妹妹至今仍总觉得有一种要活得很"厉害"的需要。所以在您深深自省后，决定发每个女儿一个从此"不需要厉害"的"特赦"。由于妹妹们都被特赦了，您想我应该是最需要的那个，所以有点兴奋地赶紧电话通知我。

听您转述，妹妹听到从此可以"不需要厉害"而流下了眼泪，如释重负，我听了不禁心疼，因为我曾经也跟她有同样的感受。爸爸能愿意坦承自己的不够觉察，妹妹也能有所解脱，实为珍贵，只是听完总觉得哪里有点怪怪的，"不需要厉害"特赦收下后对我没有起什么作用，身体和内在也都没有正向回应，居然还有一丝丝不太自在的感觉，我颇纳闷。

那时的我，说不上究竟感受到了什么，但是随着这两年多日子过去，通过每天陪伴一个小生命成长，我找到了答案。

记得怀孕期间，我有一个很特别的感觉，那就是跟另一个生命一起"共用身体"。在我的生命体验中，还从来没跟任何人这么亲密过，而且还是一个素昧平生的人，就像隔着墙见不到面的室友。所以整个孕期我都在期待跟这个"最亲密的陌生人"相见的那一天。回忆果果出生的时候，我不顾身体痛楚，说的第一句话是："我的眼镜呢？！"看看我真的有多想见见她。

见到她的那一刻，我有一个好强烈的感觉：无论你是谁，我都无条件地爱着你。

确实，此后的每一天，她每一刻都在告诉我她是谁。

说来有点夸张，但又是如此真实，我没有一天不被她惊喜着（有时是惊吓着）：原来她长这样！

原来她喜欢而且很会讲话，原来她不挑食但是有的时候就是没有心情吃某些东西，原来她才两岁就知道什么是幽默，原来她……（我还可以说上好多）

我有我的惯性和习气，但是面对一个生命的时候，我还是在这个神奇的体验中不得不谦卑了，我自然地知道她不只是我女儿，无论她过去曾是、现在正是或未来将是谁，我和她爸爸都会纯粹地欣赏着她，爱着她，仅仅做她的支持者与陪伴者。

在这样深刻的认知与尊重下，我们在养育她的过程中，不但没有比较轻松，反而成为一个更艰巨且考验智慧的学习过程。

我和泰元常常会在果果入睡后一起检讨、探索：白天的时候我们跟她互动的细节中，有哪些可以反思的地方。有时我们会研究我们说话的方式究竟会为她带来什么样的影响，而因此对话到深夜。这听起来也许很疯狂，但我们很享受这个探讨的过程，这是我们对自己和自己的角色负责的一种方式。令人意外的收获是，我们在这个探索的过程中也顺便疗愈了不少自己童年的经历。

其中，最常被我们拿出来探讨的，正是关于"你好厉害"这句话的思考。

很多明显负面的词语，不去对孩子说，是我可以轻易做到的，但是在陪伴她"成为自己"的路上，最刁钻的魔鬼，往往藏在甜美的细节中。我发现许多我小时候也常听到，看似正面赞美的话，比如，"你好厉害！""你太棒了！""这样妈妈／爸爸就高兴了！"等，背后都有很深的目的导向，其中夹杂着一种来自成人的便宜行事，让幼小却有着无限可能的生命，瞬间"缩小"为一个讨好者。终有一天我们会发现，曾经耗尽心力在做的一切，其实都在"讨好"一个不存在的幻相，醒悟后，还要花上好多年，重新认识自己内心想要的究竟是什么，进而在这个过程中体验自己是谁。

我想说的并非原生家庭的教育背后不能有个"目的"。我很清楚，我的每一个教育行动，背后的目的，是祝福她活出生命的最高可能性，以及一个最真切的希望，愿她可以拥有一个真正幸福快乐的人生，喜欢自己，喜欢生命，喜欢这个世界。所以带着这样真切的愿望，我和她爸爸会在她成人前坚定地守护她，觉知且温柔地说每一句话，让我们的每次"说"与"做"成为她大冒险之旅的宇宙飞船，而不是挡在途中的大陨石。

也许爸爸会好奇我用什么取代"你好厉害"。

我会试着说："谢谢你的用心""这么做一定需要很多的勇气和付出""谢谢你帮妈妈的忙，我感到很温暖"。

爸爸相信我，我也觉得要改口很别扭，毕竟我是被"厉害"喂大的，花了很多时间才终于接纳自己不论做什么、不论狼狈还是得意都是如此美。难怪听到"不需要厉害"的特赦时，才会觉得我现在不需要厉害了。难道是爸爸觉得我"不厉害"？

现在的我，身为您的女儿，当然希望您觉得我"厉害"。这不是出于讨好，而是出于一个自然的"感恩"。我希望我可以活在不再关注是否"外在"厉害不厉害的层次，只愿爸爸和我一样，可以欣赏我每一刻的美，看见我从内在而发的光，因为我是您爱的传承。我很美好，因为您也很美好。

谢谢爸爸发的"免厉害赦免金牌"，现在信写完也觉得不怪了，反而觉得有点好笑且心意满满。我深深知道爸爸过往希望孩子"厉害"背后也只是一个纯然希望我们幸福快乐的愿望，就像我对果果一样。

"厉害"的爸爸，谢谢您的用心，这么做一定需要很多的勇气和付出，我感到很温暖。

质灵

（回信）

质灵：

你和泰元用心抚养果果，让她成长于爱的呵护中，我都看在眼里。果果能有你们这样的父母，真是幸运。在为人父母方面，你们做得比我们好太多，爸爸除了惭愧，只能说谢谢了。感谢你，终止了我们家三代"童年命苦"的宿命，不再代代相传；感谢你和泰元养出了天使般可爱的外孙女，让我这个外公心满意足。

你描述希望看到的果果未来人生的模样，其实也是我当年希望能带给你的，只可惜我没有做到，而你靠自己的力量活出来了，而且传下去了。谢谢你！

我觉得这其中的关键，是你和泰元的夫妻关系，是处于爱的状态中，因此能合作无间把爱传给下一代。你成长于爱有残缺的环境，能靠自己的觉悟和学习，走出家族业力的轮回，实在难能可贵，爸爸以你为荣！

你说通过养育女儿的过程，疗愈了自己的童年，这是全心付出的父母才会有的体验。恭喜你！我希望通过我们父女书信的真心交流，也能达到类似的效果，进一步疗愈我们各自的童年。这件事虽然迟来了三十多年，但依然珍贵无比！

你说孩子是"最亲密的陌生人"，那是为人父母极为谦虚的态度。当我处于觉知状态时，也有类似感觉。有一个我认为最恰当的比喻，说为人父母像做园丁。园丁只能尽心做好分内事，然后带着好奇和敬畏，静待种子发芽生长。无论最后开了什么花，结了什么果，都要懂得欣赏。作为园丁，最大的回馈，就是通过付出和陪伴，见证生命的神秘。我有三个女儿，每个都不一样，不可能不了解这个道理，只不过常常忘记。我希望你能一直都记得。

你还说到"无条件的爱"，这是重要议题，我乐意跟你分享和讨论。我的了解是，无条件的爱，不是一种信念，而是一种状态。人必须用觉知清理内在障碍，才能全然接纳自己。全然接纳自己的人，才能让爱的能量流动无碍，让自己处于爱的状态。把自己爱到满溢而出，才有可能付出无条件的爱。虽然生而为人，爱的能量本自具足，但必须通过修炼，才能完整体现。要付出无条件的爱，必须先让自己处于爱的状态中；要让自己成为有爱的人，才能付出无条件的爱。

像我自己，自认对你的付出一向是无条件的，因为我从未期待从你身上得到回报。但问题是，我自己并非处于爱的状态中，因此所付出的，如你所说，可能更像是在尽责任，在扮演父亲角色。这样的付出，爱的能量不足，虽然不求回报，其实是有条件的，就是我的付出要在你身上看到结果。当结果和期望有落差，就难免失望，失望又演变成担心，就会讲一番"都是为你好"的道理。这些道理未必不对，但因为爱的缺席，很难被听进去，最后在你身上留下的，就只有挫败感。所以才说，付出无条件的爱，不单是意愿的问题，更是能力问题。

如今的我，正在努力修炼中，希望自己能够真正做到对你付出无条件的爱。

最后，我也想再跟你分享一下"厉害"这件事。在我的人生里，"厉害"并无负面含义，反而具有强大的驱动力。我幼年时期最强烈的念头，就是要赶快长大独立，不再依靠母亲；要出人头地，让母亲以我为荣。总而言之，就是我必须很厉害。这念头陪我走过整个人生上半场，让我走偏了自己修正回来，懈怠了自己打起精神来，跌倒了自己重新站起来，可以说受益无穷。甚至到了人生下半场，"厉害"的定义修改成"活出全然的自己"，仍然是驱动力的来源。

所以对我来说，厉害不是问题，对厉害的执着才是问题。所谓的不执着，是我可以厉害但不要求别人厉害，我可以追求厉害但也接受不厉害的自己。"厉害"的定义，还能与时俱进、不断修正。如果能这样，我就觉得厉害没什么不好。

至于我发给你和妹妹"不需要厉害"的证书，是不希望我无意间的影响，使你们对厉害产生执着。证书的重点是：你们不需要为爸爸而厉害。把要不要追求厉害，如何定义厉害的权力，还给你们。

所以听到你说，似乎准备把"你太棒了""你很厉害"视为育儿过程中的禁用语，我觉得要考虑是否矫枉过正。对于抚养孩子，只有两件事颠扑不破，第一是父母自己要先活好，第二是随时了解孩子真正的需要。除此之外，并无其他做法一定好或不好。

如你所知，每个孩子都不一样，他们有自己生命内在的智慧，会用自己的方式回应父母的对待。因此，不同的孩子需要不同的对待，相同的对待在不同孩子身上的结果也不一样。这些都不需要执着。倒是中国传统养育孩子的三句话很值得参考：幼儿养性，童蒙养正，少年养志。我的解读是，幼儿养性阶段，需要的是"无条件"的爱和照顾；童蒙养正阶段，需要建立规矩和规范，"有条件"是必要的；少年养志阶段，需要人生的动力和方向，"厉害"的榜样是挺有帮助的。你觉得呢？

最后，跟你说一件有意思的事。我不是说对自己的童年毫无记忆吗？后来十岁的时候，有机会见到小时候抚养我的老太太，发现她整天坐在一间黑屋子里，不苟言笑，面色阴沉。这个发现，更坐实了我悲苦童年的印象。

但在二十年前，我走访了童年成长的眷村大院，隔壁的妈妈们说，我小时候是个万人迷，整天被邻居妈妈们抱着到处串门子，是"大家的孩子"。

她们说的这些，我毫无记忆，也与我童年的印象完全不符。但我宁可信其有，因为对我有帮助。从此在心中留下了一幅画面：一群超级有爱的妈妈们，欢声笑语地抱着我到处逛……原来我的童年是浸泡在爱的氛围中的，我是大家的孩子！这画面对我太重要，因为它时时提醒我，童年的我是被爱过的。

改写自己童年的故事，是我在认真做的事。我发现过去记忆里的童年，都是有选择性的。通过不断收集和回忆童年的真实事件，如今我的童年故事里已添加了不少欢乐和美好的情节。这是我对童年记忆的疗愈，供你参考。

爸爸

第 11 封信 | 卸下枷锁

默蓝的信

爸爸：

2020 年的某日，我从美国打电话给你。闲聊之中，你说到，每个人都背负了一些父母给予的"指令"。这些指令犹如诅咒，在不知不觉中，主导着人们的种种习性与判断。有些人在无意间选择了盲从，也有人抵死不服从，处处偏要反着来。无论如何，两者皆身不由己，受到了指令的正向或是反向束缚。听你这么一说，我想起了一些过往。

记忆一：我四岁时，全家出游合欢山。在山上，有一片陡峭的大斜坡。我们两个站在斜坡的顶部。这时，你出了一个主意，叫我从斜坡顶上跑下去，看看我"有没有胆子，厉不厉害"。闻听此言，我当时什么也没想，直接狂奔而下。毫不意外，我奔跑的速度跟不上地心引力的加速，一头栽到了地上，弄得满脸是血。接下来有好一阵子，我半边脸是疤。每天早晚，阿嬷都要帮我擦药膏。疤好以后，我便继续四处跑跳，极少想到这件事情，偶尔想到，只觉得滑稽。

记忆二：上小学后，我有时会跟你抱怨一些白天发生的事情，比如与同学闹别扭之类的。这时，你总是说："你这么想没错，这么做也没错。但是，一个真正厉害的人会这么做……"确切的对话我已经不记得了，因为我们多年前常有类似的对话，也没特别当一回事。

记忆三：大学二年级，许多经济系的同学都讨论着要去管理咨询公司或是投资银行工作。你也鼓励我去麦肯锡或是摩根大通等机构任职。我听说，金融、咨询业不是任何人都可以去的地方，只有名牌学校资质最好、最有雄心的学生才有机会面试。准备的过程中需要参加商业相关的社团，而对于经济系的学生而言，最好要额外选修一些财政金融或是商业管理相关的课程。

此时的我，内心正处于迷惘的谷底。以"硬件"而言，我进了一所有名气的学校读书，成绩不错，当了辩论队队长，在校刊做商务经济版的主笔，然而，我心中却满是冲突和焦虑。我当初学经济学只不过是想了解"人类世界运作的方式"罢了。作为一个称职的大学生，我必然有些社会理想，更熏染了我校特产的"西皮"文化。每当想到毕业后我最"应该"的出路便是到金融机构或是咨询公司"卖身"，实在是畏惧不已。

同时，情窦初开的我，面对感情世界也有许多不安，一方面和男友爱恨纠结，一方面迷惘于将来的出路。两面夹击之下，大学的前三年我十分抑郁，做什么事情都是硬着头皮、拖着身躯去应付，心不在焉。时常，我坐在大讲堂的上百个学生之中，默默垂泪，教授在黑板上的粉笔迹、口中喋喋不休的字句，仿佛是一串串的乱码。我的人生只剩下"应该"和"必须"，犹如行尸走肉，不确定自己在做什么。

我觉得自己好像必须厉害，却又不知道为什么要厉害，而且也已经没有力气厉害了。

有一天晚上，在前往辩论队练习的路上，我打电话给你，谈到了未来的职业选择。我坦承，自己当前并没有特别想去投资银行或是咨询公司做事。欲进入这两种行业，需要下点功夫，然而，我意志消沉，找不到热情，成功率可能不高，也还不知道自己到底想做什么，只知道自己好累，好害怕。我泣不成声地说："万一，我不想厉害了呢？"东南西北讨论了一番，最后，你终究说了一句："但是，一个真正厉害的人……"

话说回 2020 年，当你提到父母给的"指令"时，我便指出你的习惯用语："真正厉害的人……""但是，一个真正厉害的人……"，也叙述了以上三个回忆。你听了觉得颇有意思，也说，竟然有父亲会叫一个四岁的孩子从陡峭的山坡上奔跑而下以试验胆识，确实挺异常的。你当场决定（通过电话）进行一场"除咒"仪式。

你说："从今起，发给你一张许可证，你可以不需要厉害。再怎么不厉害都没关系，即便一无是处，还是我心爱的女儿。"听到这段话，我哭了，很开心自己再也不"必须"要厉害了。不厉害，爸爸也还会爱我。

说到"厉害"，我从澔澔身上学到不少。论及"厉害"，我想他大概是个标准样板。澔澔自幼成绩优异，双主修毕业于名校，曾在欧洲最前沿的物理实验室实习，还没毕业便得到了一份令人称羡的工作。然而，他虽认真、用功，却又好像从不把竞争或是"厉害"放在心上。每天除了挂念着老父母（当然，还有我）以外，他剩余的脑容量只关注三件事：棒球、孙中山和种族平权。他的言行之间少有锐气，喜欢蹲在路边观察蚂蚁、蟑螂还有老鼠等小动物的行迹，并且为其同步配音（掺杂闽南语脏话的国语对白）。

一日闲聊，澔澔不经意地随口说道，他从来没想过自己厉不厉害。"厉害"从来不是终点。只不过，有时候为了实践理想，为了所爱的人付出，变得厉害恰巧是必经之路，刚好而已。你不觉得这一说法挺有意思？

最后，我感谢爸爸期许我"厉害"，也感谢自己在无意间选择了服从这个指令，好像确实让我有了几处能力可以拿来使用。但我更感谢，你终究愿意解除"诅咒"，让我可以为了更美好的缘由，高高兴兴、心甘情愿地"厉害"，而并非"必须""应该"和"身不由己"地"厉害"。

不厉害也无妨，依然喜欢自己。

默蓝

（回信）

默蓝：

2020 年那次长时间的越洋电话，我也记忆深刻，甚至事后认真反思了许久，收获甚多。

我打电话给你，是因为做了一番人生的深挖，发现自己受到母亲的影响，远远超过原来以为的程度。直到今天，我仍然深受这些影响的制约，却没有意识到它们的存在。因此我假设，说不定我也无意识中对你造成了一些我不自知、你也没觉察的影响。

而你的回应，让我大吃一惊。你说你必须勉强自己"很厉害"，才是爸爸心中的好女儿。而记忆中，我从没要求过你很厉害，是你一直严格要求自己完成目标。印象里，我最常说的一句话，就是"你比老爸厉害多了"。

在那次的通话中，你告诉我，爸爸的确从来没有要求过你，只是，你听我跟别人讲话或跟你说起别人时，常常说什么样的人、什么样的做法才是厉害的。原来如此，我恍然大悟，是我日常不经意的言行，无意识地流露出烙印在灵魂深处的信念，深深地影响了你，制约了你，给你带来了如影随形、挥之不去的压力。这真的不是我主观上想加诸于你的，我实在严重低估了我这个做爸爸的一言一行在女儿身上产生的影响力。我于是立刻从善如流，当场发给你一张"不需要厉害"的豁免证书，让咱们父女俩都如释重负。

当然，你也一定知道，我日常所说的"厉害"，不是压倒别人，也不是追逐名利，而是知道自己想要什么，能够超越自我，活出自己。希望在这一点上，我们没有误解，否则爸爸我又得好好闭门思过了。

那次通话后，我也认真想了一下，发现自己身上那种必须要"很厉害"的紧箍咒，倒还真是我母亲在我小时候"认真施咒"的成果。我们那时的情况，是孤儿寡母、寄人篱下，母亲每天对我念叨，她这辈子没学问、没本事，已经毁了，我要是也没本事，我们母子俩就都毁了！我那时少年老成，母子情深时就发誓拯救母亲，母子怨怼时就恨不能立马逃离母亲，但无论如何，必须有本事，否则两件事都做不到。

因此，强人哲学是我的安身立命之道，是刻在我的骨髓里的，前半生用它来拼杀江湖，后半生用它来修炼自我。直到现在，修随缘自在，修温柔敦厚，仍是我重要的人生功课。既然你无意中传承了老爸的业力，我们就不妨共修这一课，有心得时，互相通报一下，好吗？其实也不必讳言，我们是天生就有"厉害"基因的，只要不被它捆绑和制约，或是厉害到让自己和别人不舒服，就没事了。

你在文中还提到你4岁时我吆喝你从山坡往下冲的事，让我想起，这种事还不止一桩。记忆中有一次，大约是你7岁时，我在新加坡海边教你骑单车，扶着车尾叫你往前冲，然后就放了手，害你连人带车翻在地上，手背擦破了一块皮，我还不当一回事，叫你站起来继续骑。

我好像是用我小男生时的记忆，理所当然地认为你应该和我一样，对受伤这种事满不在乎。

现在想起来，真的很惭愧，我这爸是怎么当的？表面上，我虽然有三个女儿，但完全没有重男轻女观念，是一个新时代的父亲，但你的提醒，让我意识到，说不定我的内心有一个小男生，很渴望有另外一个小男生玩伴，就不自觉地把你当男孩了。不巧的是，对你来说，我不是另外一个小男生，而是你爸爸，所以就带来了不必要的压力。

你还记得，我曾带你回爷爷浙江老家、奶奶湖南老家，费尽心思找到两本族谱的事吗？族谱里面，只有儿子代代相传，女儿只记录了嫁某地某人，接下来就没了。这两本家谱，让我对中国人几千年父权社会的重男轻女观念，留下深刻印象。我对这一点实在不以为然，希望有一天，你们这一代可以用网络平台的无限空间特性，把母系的传承也全部记录、保留下来。

总而言之，如果我在不经意间，为你留下了身为女性的任何遗憾，我愿意再发你一张证书：你可以尽情地做女人，活出你所有的女性特质，不需要为爸爸做任何改变。

爸爸

第 12 封信 | 自信与谦虚

默蓝的信

爸爸:

跟爸爸分享两个困扰我已久的疑问。

1. 如何拿出最好的自己?

为什么每当我想拿出自己最好的样子时,反而就会拿出最不好的样子呢?

面试是我的罩门。我不喜欢面试,也更不喜欢面试时的自己。每逢面试,我便不由自主地想要展现自己最好的一面(我想,这是人之常情)。然而,当我这么做时,反而会展现出自己最不好的一面,比如,虚浮、汲汲营营或拙劣的那一面。想必,具备以上这些特质的人不怎么讨喜,面试结果也好不到哪儿去。因此,求职过程之中,我多次在面试阶段错失了机会。

不仅面试,只要是需要在短时间内有所"表现"的场合,我都很容易进入这种"弄巧成拙"的状态，比如在正式的社交场合或者嘈杂拥挤的派对。

为什么我会拿出自己最不好的一面呢？我明明并非这种鄙陋的人。我的内心深处，应当有许多美好的特质，比如同理心、洞察力、幽默或是优雅。我也自认为以硬实力而言，我的脑子应该还算够用；以软实力而言，也能温和待人，有点趣味。据我观察，只要感到放松、安全、没有压迫感时，我的这些相对美好的特质便可以在无意之间微妙地自然流动；然而，为什么每当想要展现自己时，却总不尽如人意呢？

爸爸，你对于"如何拿出最好的自己"有什么想法或是经验呢？

2. 自信、谦虚和世俗成就之间有什么关系？

我发现，在一定程度上，自信心绝对可以通过"做到"换来。爸爸过往也都是这么跟我说的。

然而，我有时又觉得自信心与做到之间只能说是正相关，而并非绝对的"恒等式"。我观察到，这世界上有些人可以单单呼吸着、活着，就已经自信满满，他们的自信仿佛是与生俱来的。更奇怪的是，我的潜意识还不得不佩服他们的自信，生起莫名的敬畏之心，即使他们未必有什么令我特别羡慕的风骨、才能或是世俗标签。他们令我颇为嫉妒，也令我觉得十分困惑。

好想知道其中的奥秘是什么。

我从小被教导，谦虚是一种美德；人要懂得谦让、自省。人要将自己缩小，使得其他人的空间大一点。我也一向这么认为。我很欣赏谦虚的人，也喜欢自己谦虚的一面。

但在社会中，我发现最能够实现目标、发挥影响力的人，往往并不谦卑。回想校园时光，许多呼风唤雨的女生虽并非都是社会常态标准下最漂亮、最才华横溢的，但是绝对都是气场最强、最不怕挤占他人空间的。在商业世界里也是，不少张扬甚至自负的人可以得到比别人更多的机会和资源。他们在物质上让自己过得更好（精神层次上我可就不知道了），更有能力对他人造成正面或是负面的影响。

我向来希望自己是谦虚、内敛的。每当张扬、炫耀时，我的感受并不好。我想要相信，只要有才有德，金子总会发光。然而，我也时常怀疑，在这个到处都在争夺注意力的世界之中，这种态度还能适用吗？

有没有一条心法，可以让我安然地保持定性，不需要急于强求他人立即看见我的好，却又可以在世俗之中如鱼得水呢？

默蓝

（回信）
———————————

默蓝：

你说自己在"需要在短时间内有所表现的场合"并不擅长，这与我对你的了解并不一致。我见过你在大场面的英文演讲，气定神闲，全场惊艳；你也曾在美国大学辩论赛名列前茅。怎么说自己不行呢？是否你只根据某些特殊状况，对自己"误诊"了？

还是先说我自己有关"自信"的经验吧。

我虽然曾在小学得过全校作文比赛第一名，但只觉得那是侥幸。高中时，很多同学给校刊投稿，我很羡慕，但仍不敢尝试。我总觉得自己没什么值得写的，这方面也没天分。

大三时我阴错阳差做了校刊"地下社长"，不得不发表文章，毕业后在杂志和报社工作，即使写作变成了工作，但每次下笔前仍充满焦虑，不相信自己能写好……直到写了几十万字后，才渐有自信，相信祖师爷会赏饭吃。

另一件事是演讲。

我少年时期，曾不小心变成了故事大王，总有一群小朋友围着听我讲故事。

至于上台演讲，则是紧张到发抖，完全无法发挥。读大学时，我喜欢辩论，但不是一流辩手，只能退居幕后，忝为校队教练之一。

进入社会后，因为是媒体名人，也常受邀演讲，但仍难克服莫名焦虑，常以自责懊恼收场……就这样，在演讲台上浮沉，直到累积了几百场成功演讲经验后，才终于克服了焦虑，相信自己上台没问题。

我这一生，写作和演讲应该算是两项专长，过程尚且如此坎坷，其余不难类推。所以我才会说，自信是用做到换来的。所谓"做到"，不是一次两次，而是无数次。专业和业余的差别，就是业余仅"偶尔"做到，专业则是"每次"都做到，没有意外。

我认为，自信有两种。一种是对某件事的自信，只能用做到去换；另一种比较像"自在"，与所做之事无关，只反映当事人的起心动念和生命状态，而这也是靠长期修炼才能呈现出来的。

至于你所羡慕的那些什么都没做仍然很有"自信"的人，我怀疑是与其成长经验有关。他们可能是有福之人，也可能只是觉察很浅、标准很低，因此"自我感觉良好"，而这两者，都不一定经得起时间的考验。你不妨慢慢观察。

至于你老爸我，在对事的自信上，是相对保守的，必须通过长期验证才终于敢有自信。但在生命的底层，其实并不欠缺自信。我一直知道自己并非庸碌之辈，知道只要时机来临，必有所作为！这种自信是一直都有的，相信你也一样！

至于你说到，由于环境因素，某些能"快速吸睛"的人，好像占尽优势，甚至让你怀疑谦虚不合时宜。这方面我也有些经验，可以供你参考。

我曾跟你说过，年轻时见过一些精彩绝伦的人，但后来他们的人生好像并不怎么样。这些人大都聪明绝顶、才华横溢、魅力十足、个性突出，但多数经不起时间的考验。

后来我创办《商业周刊》，当然有机会看尽商界百态。我曾经目睹不少企业靠走偏门、抄近路、搞噱头快速崛起，更有不少个别人士靠投机快速致富。看多了这些，确实也让我怀疑，是不是整个环境出问题了？是不是曾经以为的"常识"，已成为过时的价值观？

但时间拉长后，我终于见证了这些曾经快速崛起的个人和企业一个一个地出事，虽然每个人的故事都不一样，但最终人生鲜有好下场，反而是一些看起来木讷、低调、踏实的人，经过长时间的积累，最后都有可观的成绩。

如今的我，相信世间有"道"。用"法"和"术"，或可一时崛起，但若不合于"道"，则无法长久。

你问我如何可以在保持谦虚的同时又如鱼得水，我的理解是：谦虚不是礼貌、拘泥，而是一种生命状态。当一个人觉察够深，他的小我不可能膨胀，因为知道那是假象；他对生命有深度的了解和信任，因此不可能张扬，因为没有必要；他不可能看轻别人，因为知道生命本质都一样，而且在底层相互连接；他不可能强压别人，因为知道那不会有好下场。谦虚合于道，在任何时空都不会改变。

一个谦虚的人怎能如鱼得水呢？首先，他原本就是水中之鱼，根本不需要"得水"，无论水怎么变，他只安住其中；其次，真正谦虚的人，不拘泥形式，不在意评价，"自反而缩，虽千万人，吾往矣"，需要承担时，自然当仁不让；再次，谦虚的人具足空性，行事风格永远是与人为善、创造双赢，在群体中日久必有影响力，因此也不会太委屈自己。

结论：若真谦虚，必如鱼得水。所以功课其实只有一个：让自己成为一个"真正谦虚"的人。

爸爸

第13封信 | 与人相伴

默蓝的信

爸爸：

自幼，我便喜欢讲故事或是跟人议论一些不着边际的大道理。

10岁时，有一回我在台北的一个地方等待妈妈来接我，和大楼的管理员伯伯聊起了"政治"。（10岁的孩子懂什么政治？）一聊，少说就过了一两个钟头。妈妈终于到了，我依依不舍地离开，有种派对结束时顿时茫然的感觉。在家也是，我十分喜欢在餐桌边上听大人谈论各种社会话题，也乐于提问或是发表意见。上了大学，校园中有各种聪明伶俐、思想奇特的同学。每天有人一起辩论、交换知识，让我觉得生活多彩多姿。

由此可见，借由语言交流知识和思想向来是我人生的一大乐趣，也是我跟人相处的主要模式。这个倾向默默地影响了我对于人的"品味"，过往多半只能够对于我认为思想具有"深度"、有所"洞见"或是经历"奇特"的人产生兴趣。跟人相处时，要是聊到一些老掉牙、琐碎或是八卦等平淡无趣的话题，便觉得无聊透顶。

然而，近来我不禁思索，这种执着是否限制了我，让我无法全然体验跟人的相处？这么多年来，我在跟很多人相处的过程中，注意力是否都放在了"想法"和"事情"之上，少有真正关注过对方这个"人"？毕竟，思想和知识只是人的一部分。一个意识体生而为人，有千百种存在的形态与可能与其产生连接的方式，而我却将自己和他人的价值简化到只剩下一颗脑袋、一张嘴。

有一回，我想到，有一种人与人之间最美好的记忆，是琐碎之间的会心一笑。

日前，有个从小和我一起长大的同学来家中做客，带上了一位她的室友。我们三人随便喝点饮料，尽闲聊些鸡毛蒜皮的生活小事，时间也就安安静静地过了。过程中，我观察到另外两人的相处模式：一回，说对方的下巴非常完美圆润，很好捧在手里，还叫我也捧捧看，评断一下是否如此；又一回，两人绘声绘色地向我描述他们一日将大件行李搬上公寓楼梯的浩大工程，讲得巨细无遗，仿佛是一部史诗级的历险。这时，我突然发现，一群人单纯互相照顾，有时小吵小闹，确实也是一种温馨的相处方式，其中的内容"无关紧要"，没有犀利的洞见，也没有非比寻常的际遇，唯有全然地相互接受与珍惜。

也有时，我体会到，人在这物理世界之中的存在，超越言语。

我总认为，夜店这种场所无聊得令人发慌，无法理解为什么大家那么爱去。近日仔细想想我为何在夜店会感觉无聊，发现可能是因为我从小不太喜欢跳舞，对于肢体韵律的欣赏水平也有限，到舞池里晃个十分钟就越发无趣。加上夜店音乐又如此大声，无法跟任何人进行"深度"沟通，便开始想着要离开。因此，我断定夜店是一个肤浅的地方，缺乏人文价值。

然而，仔细想想，音乐是创作者借音符所撰写的一篇故事，而沉浸在音乐之中一同摆动则是人与人之间互相调频、经历同在的方式。也许，我只是基于某种偏见，才未曾用心体验其中的乐趣。

也许，我可以通过更多方式体验跟人相处的乐趣，可以不只是活在大脑里，毕竟，人有各种不同的感觉和知觉方式。论及哲学、历史、科学，当然十分耐人寻味，能够欣赏其中的奥妙算是我的福气。不过，人还有好多种非语言的相处模式，同在于歌颂、律动、无厘头和静默之间。以往，我喜欢跟"事实"和"概念"相处。如今，我也逐渐学习、体验到了单纯只是跟"人"相处的喜悦。

爸爸总是建议我要多跟人在一起。对你而言，何谓"跟人在一起"？你自己是如何跟人在一起的呢？

默蓝

（回信）
————————

默蓝：

很高兴你提到"跟人在一起"这个话题，并说了一些自己的反思，让我有机会回顾一下。

先说点好玩的。你还记得小时候我们常去骑马、玩飞行伞吗？那时你胆子可大了，没什么不敢尝试的，总是玩兴冲天。还有你可能没记忆的：你三岁多时，我和你妈曾带你去夜店（不知为何会让这么小的孩子入场），每次只要乐队一演奏，你就跑到舞池中央自己扭起来，博得满堂彩，一直跳到半夜哭闹着不肯走……当然，这些都是你上初中变成"小学者"（姐姐给你取的外号）之前的事。

你变成小学者后，每逢家里来客拉家常，你就抱一本书在旁自己看。如果来客有水平、话题有深度，你就会认真听，不时提出问题，或发表观点。那时爸爸非常得意，觉得女儿有乃父之风，妥妥的小知识分子做派。但也从那时起，不知不觉你变得比较严肃，那个在舞池中央自顾自闻乐起舞的小女孩，很少再现身影。

如今听你分享，我才惊觉，或许因为你出生时爸爸已经45岁，所以你人生中没有爸爸年轻时的画面。你青少年时代看到的爸爸，已经是中年后期，处于日渐安静下来、向深处走的阶段，因此对你造成一定的影响。现在就让爸爸补上"年少轻狂"这一段吧。

其实自童年到老年，贯穿我人生的，就是"玩"这个字。只不过不同的人生阶段，玩的游戏不太一样而已。不管做什么事，即使表面严肃正经，背后那颗"玩心"始终都在。"游戏人间"始终是我人生的底色，有时轻浮，有时躁动，有时壮阔，有时超脱，从来没那么当真。

在我的认知里，人世间是所大学校，最重要的事就是"学习"和"玩耍"。高明的人就是在学习中玩耍，在玩耍中学习；要是既没学到，又没玩到，这一生就算白过了。

从这底色看我的人际交往，其实就是不同阶段的"玩伴"而已。当然，我也时常行侠仗义、济弱扶贫，但年轻时最吸引我的，还是好玩的人。所谓的"好玩的人"，是有才华、有个性、有追求、有魅力的人。总而言之，就是必须有"特色"。

我当时还特别容易被"怪人"吸引。这些怪人，有的胆大妄为，有的极度自恋，有的甚至缺乏道德底线，正常人避而远之，但只要他们有强烈的特色，我就抑制不住好奇心，即使在交往中付出很大代价，仍然无怨无悔。直到中年以后，才戒掉了这个癖好。

十余年前，我整理自己的朋友清单，把能够彼此信任、敞开交流的朋友列出来，赫然发现，当年那些怪人们不是出事了，就是避而远之了。曾经才华横溢、魅力四射的，后来多数也不怎么出众，认识多年仍在交往的，居然都是平淡无奇却有深度的人，从此了解"君子之交淡如水"是什么意思。

我同时发现，自己其实也不怎么"跟人在一起"。尤其是出社会闯事业后，难免有功利之心，交往的大多数是事业上有关的人，不知不觉中，从原来的"好玩"，转向后来的"有利"，而且熏染了社会习气，同类相聚，只在某一个圈子里打转。追根究底，无论好玩还是有利，背后其实都是一个"挑"字。而那个对人挑来挑去的我，怎么能称之为"跟人在一起"呢？依我如今的理解，真正跟人在一起，接近于一种空性，不挑人，不挑事，不管在什么环境，跟什么人在一起，皆能随缘自在，无不尽兴，无不自得。这当然是一种境界，也是我如今的功课。

我要求自己，在平淡无奇的人身上，找到属于他的特质。结果发现，每个人都不容易，每个人其实都很特别。

几年前的一件事情，给我留下深刻印象。那时我带你妹妹去巴厘岛参加夏令营，其中有一个亲子活动，我率先带头大玩大闹，让许多年轻的老外家长大吃一惊。因为我身为东方男性长者，这样的作风，完全不符合他们对东方人的刻板印象，让众人跌破眼镜。这件事让我体会到，"跟人在一起"好像也是一种返老还童的修炼，如果继续修下去，说不定有一天能修成一个"老顽童"，也相当不错。

真正跟人在一起的人，是不着相的，是活在当下的，当环境或别人有需要的时候，总有适合的样子给出别人的需要，而且真心实意、自在自然、没有目的。不着相，也可以说成有千百种相，用大白话来说，就是没什么不可以。

当然，我所形容的是一种终极境界，少有人能做到，老爸也只能做几分算几分。至于青春正茂的你，尽可能地体验各种人生滋味，和各种不同的人交流，总是不会错的。即使有抱负和责任感，仍然不忘学习和玩耍，这样就行了。

爸爸

第 14 封信 | 在理想与现实之间

默蓝的信

爸爸：

关于金钱，在生存和未雨绸缪的过程之中，总是有些牺牲。摊开账簿，与日常清单、人生蓝图左右比对，令我有些茫然。

时间都去了哪里？在我所见的当代社会中，多数人除了睡觉，其余的时间几乎都拿来上班，做一些自己觉得没什么滋味的事情。日复一日，人们期盼着周末休假，巴不得早点退休，做自己真正想做的事情。转眼间，退休了，人生也终于结束了。

当然，也有人找到事业，每天尽自己所好所长，不亦乐乎。在常态物理定律、社会游戏规则之下，有没有一个可能的世界，人人皆能如此？谁将有这个机会，或是，如何为自己创造这种机会呢？

还是说，世界本来就是不完美的，绝大多数人必然需要成天做一些自己觉得乏味甚至厌恶的事情才得以生存？要是如此，没有抽到幸运签的人，该如何接受并且应对这一切呢？

实时与延迟，如何平衡？一切延迟的满足，能使得自己在岁月的终点上拥有更多。然而人生并非一个点，而是由每分每秒无数个点所串联起来的积分。假使有个人喜爱色彩与美感，但他的钱不够，于是他为了存钱，住在四面灰墙之间。他在人生的最后一天存够了钱，在墙上涂上色彩，可他却已花了数万天与四面灰墙共处。

况且，终于"财务自由"时，视觉是否已经看不清色彩了呢？膝关节是否能够支撑登高望远？即使有足够的存款，可以买一百件当年朝思暮想的美丽衣裳，穿在年迈的身上在家养老，滋味是否也已不同于青春年少时的想象？

也有些开销其实是间接的自我投资，越早执行，长远积累的红利越高。举几个例子。及早治疗忧郁和焦躁倾向，可以避免它经年累月地在工作效率或为人处世方面默默减分；或者今天多花钱吃好一点的食物，日后可以少花一些慢性病的医药费。

在"投资自己""体验当下"与财务"长线布局"之间，该如何权衡呢？

如何妥协梦想与价值？曾有多少有志青年，梦想成为艺术家，或是掀起一番变革。有些大学生，在学校社团里做公益服务、思辨哲理，画下美丽新世界的蓝图，然而，除了少数的幸运儿以外，人都得赚钱。每种行业薪酬的高低、机会的多寡，有市场的行情，受到大资本的左右，人们也只好俯首听命。

许多人都说自己注重环保，但是在职场的高压之下，每天中午只好叫个外卖草率果腹，垃圾一丢，便继续工作。当年神来一笔的小文青，如今杜撰着一篇篇的商品推文，引导大众多多消费。在商业竞争之中，适者生存，人人必须精打细算地压低成本、提升毛利，谁有闲工夫去想生产过程所造成的负面影响该如何治理？这些有形无形的社会、环境成本，将由谁承担？

也有许多人会说，他钱赚够了之后，要做一番善事。然而，一个人一辈子日积月累造成了无数的环境、人文破坏，事后再来行善，这不是挖了个坑，再将土填回去吗？

况且，这坑真的补得回去吗？

想当年，那些聚集在美国旧金山，头发里编织着花朵、披着和平符号的小嬉皮们，十年不到，多数也抵挡不住金钱的牵制，乖乖地穿上白衬衫到大公司里干活了。仅剩的嬉皮"余孽"，我曾见过他，如今在伯克利校园门口的电报街上，做一点帮人在头发里编织羽毛的生意。他见多识广，凡事皆有一番自己独特的观点。然而，他十分易怒，口中老是嘀嘀咕咕着什么，皱着个愤世嫉俗的眉头。

毕业后进入科技行业，我有些热血，期盼能够以助力技术革新的方式为社会发展做出贡献。在这个过程中，有不少贵人与犯错的经历教导我为人处世，也让我更加"接地气"。另一方面，我很快认清，在商业决策中，一家公司能否生存的关键便是符合财务获利或是估值增长。职场上，更有许多一言难尽的因素必须面对，既有趣，又难缠。

我将尽己所能在这些限制之中为我的价值观有所作为，然而有时仍不免有些冲突感。

我想，大公司未必就是恶，市场未必就是不好，某种程度上，这些元素造就了现代社会总体的物质丰饶。健康有活力的市场，能够促进创新与物质流通。不过，一味追逐资本所造成的诸多破坏以及心理问题也不用多说。

一个人身处职场，无论是决策者还是小螺丝钉，面对资本和商业现实，该如何应对其中对于自己价值观和理想的冲击呢？是否有一个可以让两者协同发展的地方呢？

金钱、安全、体验、美感与理想，对于多数人而言，似乎难以并存？

有时，摇摆于金钱规则的制约与潜能之间，我有种莫名的感受，仿佛自己是只雏鸟，栖息在悬崖边上，向上一望是辽阔的天际，向下一望是苦与难的大浪拍打着险峻的巨石。在悬崖边上是狭窄的安全领地，却让我总觉得局促。听说我可以飞，但是没有尝试过。我知道停留原地，直到最终死亡（还是永生），必定后悔莫及。是否，唯一的选择是一跃而下，无论翱翔天际，发现新大陆，还是卷入暗流而去，也无怨无悔？

默蓝

（回信）

默蓝：

从来信中爸爸感受到你有许多困惑。表面上看，似乎与金钱有关，但本质上，应该是在理想与现实之间，找不到安身立命的基点。爸爸了解你一向心气高，可以想见，这状况相当难受。

你比喻自己像只悬崖上的雏鸟，犹豫是否该纵身一跃，这正如苏格拉底说的故事：鸟儿站在树上，从不担心树枝断裂，因为它相信的不是树枝，而是自己的翅膀。所以现在的问题，不是悬崖有多险，海浪有多高，而是你忘了自己会飞。

恰巧我最"怀疑自己"的时光，也是在你现在居住的纽约。那时我 30 岁，跟着 70 岁的老板到美国创办华文报。目睹老先生来时由机场主管护送礼遇通关，在美国入境时，却排着队被海关无理质问。当时心想，连大老板到美国都身价贬低至此，何况我等？

其后在纽约工作、求学和生活近五年的经验，验证了我的第一印象是正确的。以至于，若干年后来美国的朋友，见到我都惊讶地问：当年那个意气风发的新闻界才子，怎么会变成这样？可想而知，我当时的状态，让熟悉的老友完全无法联想到曾经的我。

美国是典型的资本主义社会，其第一大都市纽约，更发挥丛林法则，把资本主义特性渗透入生活的每一个层面。尤其对境外移居者，几乎可以起到洗脑洗髓的作用，足以让你"忘了我是谁"。对于安全感被严重压缩的外来者，金钱的重要性很容易被不成比例地放大，它代表着安全、尊严及几乎所有人生价值，让人不知不觉中在它面前卑躬屈膝、俯首称臣。

当然，你的条件跟我当年不一样。你 18 岁到美国，英文比我当年强，适应美国的能力也不在话下。但相对的，你如今在纽约身处的社交圈，也和我不一样，因此我仍然可以感受到你面临的压力，已经影响到你在理想和现实、金钱和自由之间的抉择。

爸爸想要提醒你的是，环境可能影响心态，心态又影响思维，而纽约是一个非常特别的环境，对境外移居者的影响又特别大。因此首先要保持觉察的，是你此时此刻的思维，极可能受到环境及处境的重大影响。你的思维一向很清晰，没有什么问题，问题在于你的抉择来自心态，而心态可能受到处境的影响。这才是所有困惑的真正来源。

正如你曾推荐我的一本书里面提到的，挫败的经验，会让血清素分泌降低，导致把安全感设定为首要目标，不敢面对风险和挑战，不敢放胆追求自己想要的。而处身陌生、被贬抑且充满竞争的环境，本身就是一种无形的挫败经验。

我有时会设想，如果当年选择留在美国，三十年后的我，会变成什么样子？即使是乐观的推估，做了务实的抉择而得以安身立命，也极可能放弃了大部分的理想，活成不是自己的状态，最后成为自圆其说、夸夸其谈的人。总而言之，应该不可能在美国创办成功的杂志出版集团，然后全身而退，投入自己认为最有意义的人生教育事业。我很庆幸当年决定回到华人世界，最后活出了自己。

这个决定，不是在理想和现实中抉择，也不是在金钱和自由中抉择，而是选择适合自己的环境，坚持活出自己。

虽然回台湾创业后，也经历了一段时期的挫败，但和身处美国环境的困惑很不一样。创业初期的挫败，是为自己的大胆决定负责，而不是像在美国时那样，受环境影响忘了自己是谁，因而产生寄人篱下、苟延残喘的挫败感。这两种挫败截然不同，前者是能激发力量的，后者是消耗生命能量的。

而我为什么在回台湾后敢做这样的大胆决定？主要是因为回到了自己熟悉的土地，受到滋养后回忆起"自己会飞"，即使轻率大胆、误闯风暴而折翅，仍然相信自己还能再飞起来。当时的我，并不追求安全感，愿意承担风险"证明我是谁"。这不是理性思维在起作用，而是心态转变了。为什么心态有这么大的转变？唯一的解释是：环境给了我力量，让我不怕失败。

有一句话叫作：宁为鸡首，不为牛后。我个人经验，验证了这句话的智慧。倒不是因为"鸡首"是怎样正确的抉择，而是因为"鸡首"可以昂首阔步，"牛后"只能夹紧尾巴。能让一个人活出"鸡首"状态的环境，对他而言，就是好环境。

爸爸跟你说这些，是因为你到美国念大学，是出于我的安排，等于帮你安排了一段生命期间的环境。我希望这样的安排，可以让你得到滋养，有更宽广的人生选择。最不希望看到的，是这样的安排让你产生挫败感，忘了自己是谁。如果你觉得爸爸多虑了，当然可以忽略以上的陈述。最重要的，是记得自己有翅膀，可以高飞。

有了这样的了解，你信中提出来的其他问题，应该自然会找到答案。譬如说，如何创造机会，做自己所爱？如何取舍自己的美感洁癖、道德洁癖和工作所产生的副作用？如何兼顾"展望未来"和"活在此刻"？该如何分配"投资自己"和"投资理财"？如何在"道德和利益""理想和现实"的矛盾中，找到自己的出路？这些问题都是人间常态，没有标准答案，属于人生环境变迁中必须不断做出的动态抉择。每一个抉择都无所谓正确与否，只决定了那个当下你是谁。

爸爸这一生，在这些问题上，也常面临困扰，犯过错误。尤其是在金钱的管理和使用上，绝对不能称之为典范。但很庆幸的，无论是匮乏或丰裕，我都没有被金钱打败或压垮，也没有被金钱诱惑或腐蚀。因为我始终相信，自己有赚钱能力，也能在缺钱时凑合过日子。因此在工作或事业的选择上，在关系的缘分对待上，我不允许金钱变成决定性因素，也不让自己耗费太多心力在钱上。虽然人生难免被钱所困，但我终究没有让钱变得比我大，而是我比钱大。不被钱牵着鼻子走，把钱变成小跟班，我很满意自己能这样活。

爸爸最后的提醒是：你要先确定自己是不是一只雏鸟，如果是，最好别待在危险的悬崖上，想办法换个地方待着；如果不是，一跃而下，展翅高飞吧！人生有许多事，不需要想明白了才做，而是做了才明白！

爸爸

第15封信丨"非主流"的轨道

默蓝的信

爸爸:

我总认为,你的学历和工作好像有点符合"常态"的期待,但是有些方面,人生体验又好像不太寻常,可以说像是荒诞剧合集。儿时,你调皮偷了爷爷寄回家的辛苦钱,率领全村小朋友出游,因此被送去新竹一户住在"鬼屋"里的人家寄养。当记者时,你在金三角直击游击队基地,被下了格杀令。到了纽约读研究生,你开杂货店,穷困潦倒,遭抢劫,随后在漆黑的违建公寓中重病高烧三天,当终于鼓起勇气点亮台灯时,发现自己已被蟑螂包围。

你有时和我说:"不要永远走在轨道之中,但也不要完全脱离轨道。"也许如此。你讲的故事总是特别有趣,观点格外引人入胜。而不知道是基因遗传还是受到了爸爸的身教影响,我发现自己也不时向往探索更多元的人生经历,适时地设法脱离惯性的环境。试举几例：

1. 深度旅行，且学习不同的语言。

条件允许时，我喜欢出门旅行。倾向部分以打工换宿、实习或是半长租的方式在每个行经之地待上至少一周的时间。途中，我曾来到意大利彼得拉桑塔的一户人家当保姆兼家教。在罗马城里，我曾误闯政党集会以及保养品直销大会各一场。在维也纳，我也一度临时接受了一位热心女孩的邀请，与她的家人同住几天。

到了墨西哥，我和潺潺在埃斯孔迪多港的"共同生活空间"（可以看作长租的青年旅社）大通铺里住了两个月。在这个环境中，有各类人士出入：墨西哥摄影师、英国银行家、以色列冲浪客、中国游牧者、黎巴嫩管理顾问、尼日利亚心灵导师、美国模特经纪人……还有更多是无法用任何单一文化、职业或身份定义的人。

旅行途中，我最大的遗憾时常是语言的限制，让我只能够和当地熟悉外语或是相对受过高等教育的人群产生顺畅的沟通与连接。因此，自去年起，我每天花三十分钟学习语言，奇数日和偶数日分别训练两种语言能力。期盼日后再度旅行时，可以扩展接触面。

即使如此，我和潺潺也已经通过旅行了解了不少陌生的观点和信息。本来就游走于东亚与北美之间的我们，自以为对世界局势还算有所洞察，不料，在某些旅途中，却发现自己屏蔽在狭隘的信息范围之中，偏见与无知的程度远超想象。这些信息让我们对于科技趋势、地缘经济机会以及职业选择的判断做出调整，更启发了我们对于生活形态的新的想象。

话说，不方便旅行时，我也曾在网络平台上开放住处的沙发，以便旅行者申请寄宿。大学时期，我与其中一位如此认识的旅行者成了挚友，如今她是我的准伴娘。

2. 广泛交友，觉察自己对他人的评判。

日常交友方面，我对于各族群都保有一定程度的好奇心。其中包含台湾东部的"生存主义者"。他们身体力行极致的环保以及资源自足，唾弃一切资本；他们的厕所是堆肥式厕所；其终极目标是断绝外界的水电网络；隐居在世外桃源。我的朋友中也有华尔街上"使劲工作，更使劲玩乐"，以追随物质享受为人生重心的人物。

在我眼中，以上两者皆有其认真、真实的一面。与他们相处，令我感到有趣且有所收获。要是人与人，或不同社会之间，能够对他人保有好奇心，理解并且放大对方的优点，是否可能达到一个更加高效能的平衡呢？反之，当群体之间缺乏沟通，只在同温层之中相互取暖、强化各自既有的价值观，便可能形成二元对立和极端主义。

3. 在主流与非主流之间并行"双轨"的环境与行为选择。

人潮涌动、络绎不绝之处，可说是"主流轨道"，而某些人烟稀少之处，则相对"非主流"。站在主流轨道外，能够以旁观者的角度得到独特的洞见与反思，而如果要精准地反思主流，突破盲点，则必须对主流的体制有深刻的了解。

自中学以来，我便十分讨厌上学，无法理解为什么从书本中便可以直接获取的知识，还得坐在教室里听老师讲解；更不时地质疑老师教授的思想。有些老师会耐心地听取我的"宏论"，也有的老师会将我和同伙抓起来公开"批斗审判"（不得不说，其中部分原因是我任性或是态度欠佳，自找的）。无论如何，我还是按照父母以及社会的意愿，完整地接受了体制内的教育。同时，经由妈妈的鼓励，也感谢校方的开明，我将学生生活的重心放在了校外活动上，顺势通过各种比赛或志愿者活动合法"逃学"。大学时，我更是休学一年，给自己"定制"了一套田地、工厂以及生命教育的模式。

回顾当年，以我这种性格的孩子而言，要是家长让我在家自学，是否有可能完全丧失和社会主流的交集，变得想法越发"奇特"，而只能"孤芳自赏"？有些传统的做法会形成惯例，是因为经过了时间的考验，有其道理。然而，要是将我完全限制在框架内，人生是否可能受限，从而抹灭那些可以淬炼成优点的秉性？

感谢父母，让我养成在轨道之间保持弹性的习惯，无论对于事实还是对于不同族群，寻找多层面的探索方式。也期待，当今世界之中，可以有更多人能在力所能及的范围之内，适时地偏离自己的轨道——尤其是掌握经济资源以及话语权的优势族群。一方面，为个人开拓机会感受丰富的体验；另一方面，营造社会的集体氛围，从种种的二元对立走向一个"合"与"互补"的状态。

默蓝

（回信）
——————————

默蓝：

读你的回信，老爸很开心。能听到你说老爸的人生对你带来某些好的影响，真乃为人父一大乐事也！

你说我"轨道游走"的人生风格对你有启发，似乎我也更该认真思索：自己在某些事上和很多人不一样，而且到老了还更不一样，这到底是为什么呢？

从小，母亲管教我的原则，就是除了读书和做家事以外，其他一律不准，这就是我童年的"人生轨道"。这轨道显然并不能满足我当时的需要，于是很自然地就溜出轨道外"自己来"。"出轨"被抓时，后果通常很严重，但依然故我，这又是为什么？

如今回想起来，我当时的行为准则，就是以冲动的程度决定行为方向。冲动强时就不顾一切、放胆乱玩，冲动不强时就留在轨道内"趋吉避凶""苟且偷生"。我察言观色、见招拆招的本事和不顾后果的胆识，就是这么养成的。这就是我在"轨道内外游走"的初体验，也成为我日后人生模式的原型。

这里面最重要的元素，就是一个"缺"字。因为我童年时"轨道内"什么都缺，才会到轨道外去找。但也因为到轨道外四处探索，才有机会练出各种本事和胆识。而如今很多父母的养育原则，是希望孩子"什么都不缺"，说不定最后的结果，就是孩子缺了胆识。这件事，说不定可以作为你日后育儿的参考。

另一个童年时期关于"轨道"印记的形成，可能与我的继父有关。我的继父基本上算是轨道内男性家长的典范：认真工作，作息规律，省吃俭用，没有脾气，无不良嗜好。问题是，当时的我，觉得他极为无趣，虽然很尊敬他，但对于成为像他这样的轨道内典范，没什么兴趣。

轨道内贫瘠又无趣，轨道外好玩但风险大，一直是我少年时代的两难。直到10岁时闯了大祸，才"良心发现"，知道"出轨"太甚时，付出代价的不只是自己，也包括跟我关系最紧密的母亲，从此知道必须收敛。正巧当时周叔叔出现在我的人生中，他是不折不扣的轨道内典范，同时也是亲切而有趣的长者，我在他身上看到"名教中自有乐地"，从此对轨道内的人生不再排斥。

自此，我的"轨道内外"人生有了新的模型。在日常状态中，会尽量适应轨道内生活，在其中找成就、找意义、找乐趣，但如果这三者缺其二甚至都找不到了，就会到轨道外去探寻，但尽量以"不找别人麻烦、不找自己麻烦"为原则。

这个模型，基本上可以涵盖我其后的人生。比如说，初中和高中一、二年级，都乱玩一通，三年级则黾出去拼一把，结果仍上了一流大学；比如说，在情感上追求浪漫，又很想负责任，结果是结了三次婚、生了三个女儿，仍然尽力把所有关系弄好；比如说，在大学里成为风云人物，同时也是学校十分头痛的学生；比如说，我在报社工作春风得意时选择出国，在媒体事业风生水起时选择"交棒"……事业上几度巅峰归零，我最后回应内心深处的呼唤，成为人生学习的老师。

你在信中描述老爸不按套路出牌、见解独到、比较有趣、思想经常迭代等，应该都与我的人生模型有关。因为角色转换、生命位移和思想进化，这三者是互为因果的。尤其是生命位移，当你处于不同的生命状态，看事情的视角自然会不同。我常用这种了解来检查自己，如果同一个现象，我每次看到的、感受到的都一样，就证明自己生命状态没有前进，必须寻求改变了。因此，推翻过去的自己是我经常在做的事，也是保持生命状态鲜活必须经常做的事。

你说老爸年纪不小，但想法仍能推陈出新。我把这视为很高的评价，要努力继续保持。其实这两年来已经开始有迹象，我有些引起负面情绪的想法，过去可以挥之即去，现在居然纠缠不休起来。可能"老顽固"这件事，的确是有生理、心理及环境各方面的原因，若不保持警觉，很容易对号入座。

关于轨道内外的人生模式，我现在的功课，是追求孔老夫子"七十而从心所欲不逾矩"的境界。他说的那个"矩"，应该就是我所谓的轨道；能"从心所欲"却"不逾矩"，应该就是无所谓轨道，"名教内外皆是乐地"了。这境界实在令人向往，但愿今生有缘见证！

最后，还是忍不住提醒一句，如果你只把老爸"轨道游走"的人生当故事听，也算无伤大雅，但若要奉为圭臬，就得认真活出自己的版本。毕竟老爸这一路走来，付出的代价不少，其中有些是不必要的。

爸爸

第 16 封信 ｜心中的"圣城"

爸爸：

2021 年初，新冠疫情在美国正值高峰，夏威夷州将旅游业关闭，诸多旅社空无一人，房租大跌。同时，美国各大城市频频传出亚裔人士遭受攻击的新闻。为了避免新冠肺炎及暴力事件，又受惠于居家办公的政策，我和未婚夫决定暂时迁居夏威夷的可爱岛。

在那儿，我找到了一座传说中的"食物森林"，一个犹如伊甸园的地方。在这三四英亩大的土地之上，抬头仰望，在层层枝叶之间，正结着亮橘色的可可果、鲜红的荔枝、芭蕉、百香果、柠檬、木瓜、香草以及更多我从未见过的热带水果，例如酸甜的棱果蒲桃（Surinam cherry）、奶油质地的马米果（Mamey sapote）、瓣立楼林果（Rollinia deliciosa）以及面包果（Artocarpus altilis）。在脚边，遍地布满了绿油油的野菜、蜿蜒爬行的瓜果和亮丽盛开的热带花卉。

还有一棵山苹果树（Syzygium malaccense，中文名为"马六甲蒲桃"，当地人称之"山苹果"），茂密的枝叶环绕着她，形成一个落地的圆穹顶。在 5 月的片刻之间，她换上一身色泽艳丽如印度洒红节上人们被鲜艳颜料泼成的花衣裳，与我巧遇。在她的四周，散落了一地厚厚的粉色花瓣。我被她迷住了，以一位朝圣者的姿态，取下鞋子，小心翼翼地踮起脚，走过那奢侈娇贵的地毯，生怕丝毫破坏了她的美。拨开茂密的枝叶，我来到她的怀抱之中。这时才发现，她何止是一棵树，更是一座圣殿。我踩在她厚实的树根之上，依靠在树干旁，看着脚边的一大片粉色，难以置信我还身处人寰。在完美圆弧的穹顶之下，弥漫着粉色的微光。轻风拂过时，又有一两朵花瓣飘落。

这座食物森林是由一群当地义工花费了长达八年的时间共同打造的。

每周六，我有空时就到森林里干活，结束后便和其他人共享当天收成的作物，用粗糙的炉台煮一顿饭，拿芭蕉叶作为盘子。剩余的食物部分带回家食用，部分提供给当地的贫寒家庭。在这儿，我学到了好一些植物相关的知识，也觉得自己和其他义工仿佛是一家人，更深受他们的温暖、随性以及实践精神所启发。

"食物森林"这个概念，我于 2019 年第一次听到，也在美国马里兰州见过一个半成熟的试验地，令我感到十分振奋。作为一个小"经济学人"，我便开始思索，这个概念该如何规模化、商业化，好让更多人可以享有营养密度更高的食物，让更大面积的土壤可以得到"重生"呢？何以借此让农业从一个破坏环境、侵蚀自然栖息地的产业转而成为保护大自然的途径？单靠食物森林满足全世界的粮食需求，到底可不可行？越想越头痛，甚感寸步难行。建造食物森林的想法也日益成为一个沉重的包袱。

这些苦恼从何而来？在大环境之中，我时常听说，人需要发挥"影响力"，好东西需要"规模化"。能做到这两点，当然是一件很有价值的事情。然而，也许每一个人都可以找到自己应去的地方，将自己过好，就是对世界最好、最大规模的影响。也许这就是曾子所谓的"格物、致知、诚意、正心、修身、齐家、治国、平天下"，或是伏尔泰提议的"每个人应耕耘自己的一片田苑"。

我想，可能也只有用心管理好自己，精心耕耘一片田苑的人才有资格去思考该如何发挥影响力。否则，自身修炼不足就跑出来"发挥影响力"，能力小的人挖东墙补西墙，一边为善，一边造业，白费功夫；能力大的人，则可能为众人酿成一场劫难。

我并不是说人不该关心周遭的事物，或是不该有志向，而是说，一个人在向外看的同时，不能忘了向内看，将自己做好。况且，要是人人都有所修为，把自己活好的话，世界上可能就少了许多需要管理的麻烦事。

此外，亲眼看到一座成熟的食物森林给了我一个新的思路。我了解到，食物森林并不需要有经济产能，不需要能够规模化。一座食物森林的价值在于它的存在本身，在于它就此对这片土地的修复，在于人们穿梭其中的喜悦，在于它反馈给耕耘者美妙的滋味。也有这么一说：一个设计良好，进入稳定状态的食物森林，可以使人以最低的劳动力及财务成本，可持续地自给生活所需的一大部分营养。

从此，我便知道自己最想做的事情就是尽快开始建造一座食物森林。不为了什么崇高的理想，就只是为了自己。从最基础、不起眼的地方开始。当然也不排除，科技日新月异，社会形态瞬息万变，哪天食物森林真的可以规模化，成为食物生产的主流方式（或甚至是一种生活方式）。不过，要有机会走到这一步，唯一的选择就是想尽办法先上路了再说。将自己做好之余，所创造的精神和物质能量自然会向外流动，产生影响力。

梦想中，我和几个邻居共同建造了一座食物森林，每天日出日落的时段到森林里采集食物，做一些修整的工作。日照强烈的时候则在屋内（或是树荫之下），有人远程办公，也有人经营一些自己的小兴趣。顺便跟你说，到那时候，我已经和潸潸在田野间养育了三个孩子。我认为你取的名字向来不错，也许可以开始帮我们想一下这三个孩子的名字，包含一组从父姓的，还有一组从母姓的。

有人跟我说，要务农、工作，还带着三个孩子——三个！根本忙不过来，况且连土地都还没有。不过，总要先有个梦，能做多少算多少，对吧？

你曾经跟我说过一个故事。有位僧人在沙漠中遇见了一只小蚂蚁，便和它聊了起来。僧人解释，自己正在前往麦加朝圣的路途之中。蚂蚁也说，它也正前往麦加。僧人大笑："你不过就是只蚂蚁，如此渺小，恐怕一辈子都走不到麦加。"蚂蚁回答："没关系。即便死在前往'圣城'的路上，我也甘之如饴。"

能够知道自己的"圣城"在何方，打从肝肠的深处感到一股颤抖的坚定，是一件多美好的事情？爸爸，你的"圣城"在哪里呢？是否，每个人都可以有一座属于自己的"圣城"，是他来到这世上最无怨无悔、最美丽的表达，是他"修身、齐家、治国、平天下"的方式呢？

默蓝

默蓝：

听你说人生梦想：拥有一片食物森林，远程工作，生养三个小孩。如果真是"打从肝肠深处的坚定"，爸爸相信一定会实现！这件事，条件和技术上都没问题，关键只在于你到底有多想要，愿意为它付出和割舍什么。

这让我想起《论语》中有一段，孔子请学生们说自己的志向。其他人都说些宏图伟业，只有曾点说，他想与一群大人和孩子在河中嬉戏，在河畔纳凉，然后唱着歌回家。孔子说：我的想法和曾点一样。我猜孔子这样说，一方面是因为有共鸣，另一方面是因为其他学生是用头脑说，只有曾点是从肝肠深处说出来的！

这故事说明，并非每个人都有来自肝肠的梦想。你既拥有，值得好好把握。但如你所说，它不应该变成包袱，而是滋养和动力。如果它是真的，就不会一直是个简化的图像，会越来越具体、越来越丰富，会随着时间和缘分呈现出不同的状态。最后，在什么时间，什么地方，和什么人在一起，一起做什么？都清晰笃定，自然水到渠成。否则，它就只是一个梦，永远活在想象中。未能实现的梦，只要不干扰生活，也是一种慰藉，没什么不好。

你问爸爸的"圣城"在哪里，这可能得从头说起了。

10 岁以前的我，一心只想离开家，去看外面的世界。10 岁到 20 岁，最大的追求，是想弄明白世界和人生是怎么回事。20到 30 岁，满脑子只想着如何改变世界。30 到 40 岁，陷入生活的挑战和挣扎中，什么都不敢想。40 到 50 岁，人生的主题是扛起事业责任，忙到没时间想。50 到 60 岁，开始重新反思自己该怎么活。60 岁后，终于上路前往属于自己的"圣城"。如今老爸满 70 岁了，身居"圣城"中，哪里也不去了。

这一路上，遇到的诱惑和考验不少，从事的工作各式各样，遇见的人三教九流，生活水平有高有低，处身的地点也从台湾到美国然后还回到中国大陆……但这些都是过程中的不同缘分而已，而如前所述，人生不同阶段的内在主题和心路历程，才是前往"圣城"真正的路线图。

至于我心中的"圣城"，该如何描述呢？还记得念中学时，心中曾浮出一个意念：自己是一个雕塑家，所用的材料就是自己的人生经历，最后完成的作品就是自己活出来的样子。其实那时就已领悟，人生其实没别的事，就只有这件事。

这个印象深刻的念头不知是从哪里来的（想不起曾受什么影响），感觉不是用头脑想的，而是不知怎地就"知道"的。

我想那应该就是你所说的：从肝肠深处冒出来的！这个念头形成了我人生意识的原型：老天是观察者，别人是缘分，自己是作品。

也许，这自然浮现的人生原型，就是我对自己诉说的"圣城"！

原来，人生的"圣城"，早就在那里，早就知道，只不过大部分时间，被"外境"干扰，被自己忘掉。最后，走了一大圈弯路（也可能是必要的），终于回到了生命的原点。

某种意义上，我现在正在做的事，就是实践了从小就知道的"圣城"之旅。五十岁左右，事业上顺风顺水，开始享受成功的滋味，却感受不到想象中成功应该带来的满足和意义，内心深处感觉空荡荡的。那种感觉日渐让我难以忽视，探索了很多年，才终于能清晰地描述：因为我忘了自己是谁，活成了不是自己的人生！就这样，雕刻师终于找到了寻寻觅觅的石头，再度拾起雕刻刀，开始削掉石头多余的部分，让它呈现出原本应有的样子！

我的"圣城"之旅，其实是一条灵魂回家的路。在灵魂深处，走上了中华文化以修身为本的大道，身体也随着种种因缘，来到中华文化重镇北京。在这里，遇到了千百位有缘人，一起打造共修的环境。我的"圣城"，不在外面的世界，而在内心的觉醒；不是地理上的某处，而是一群人的愿心。"圣城"之旅，就是随顺外在的缘分，同时追随内在的召唤。

如此而已。

如今的我，仿佛回到了少年时的生命体验：许多世间难免的人和事仍不断发生，而老天仍然在看，看我能否通过考验。我因此明白：找回赤子之心，就是"圣城"之所在！我已经到了，还要去哪里呢？

经历过这漫长的旅程，老爸最后送你一句话：只要不忘初心，老天必定成全！

爸爸

第 17 封信 | 不要抵触商业

质灵的信

亲爱的爸爸：

今天想要跟您探讨一个我一直觉得自己没有资格跟您讨论的主题（光这封信的开头，我就已经花了数小时重写了好几遍，可想我有多少紧张和需要陪伴的内在恐惧）。我想在此刻勇敢放下对自己的评判，以及对过往经验的成见，因为我们曾经在探讨相关主题的时候，彼此都有一些紧张和挫折的情绪，但这么多年下来，我总觉得对我们现在的状态有充足的信心，可以好好地面对这个我们都有点害怕探讨的主题：商业。

为什么我们都会害怕这个主题？我想原因其实不复杂，因为我们双方的知识、经验水平过度悬殊。爸爸是一个社会经验丰富，甚至在我眼中是社会金字塔顶端的精英人士，有着在政商两界"呼风唤雨"的魔法（在我眼中真的看起来是这样）；而我是一个大半生时间专注于艺术创作，只想着在艺术和料理的造诣上不断突破和精进的艺术工作者。我喜欢心灵世界的探索，常常看着窗外做着白日梦，想着为何都市不可以变回丛林？人们可不可以回到自给自足以物易物的世界呢？

我从小除了热爱绘画、雕塑和料理之外，也热爱书写和阅读，对我来说这些事情都如鱼得水，像是天生就带来的技能一般。而对于人际交往，我则不会说场面话，也总是听不懂暗示和讽刺。我更喜欢独处。其实多数时候，我真心觉得跟动物和大自然相处时，更感到自在。

我曾经对自己的特质充满批判，因为成长的路上容易被贴上"不切实际"和"不够入世"的标签。

其实我没有刻意想要特立独行，我也一样渴望被多数人接纳与认同，我也想要与主流社会接轨，但是我总觉得要做到很辛苦，也很困难，我深深感到自己在这方面既没慧根又没天分。我在自己不接纳自己，同时也难以被主流社会接纳的基础上成长，不免生出了不少对自己的严厉评判，还有愤世嫉俗的情绪。

我的工作和金钱反映了我的内在情绪。我选择不需要与人过多接触的工作，也一直和金钱的关系不是很健康，也就是一直没有创造出足够满足自己生活的金钱收入，常常在担心经济的状态下度日。加上与爸爸接触的时候，爸爸出于爱与关心，总会清晰地点出自己独到的观点，事实上我常常真的听不懂爸爸在说什么，或是就算听懂了，也不知如何运用，对我来说像是另一个维度或是其他星球的运作和思维方式。其中真正的感受是，我在乎爸爸的看法，不希望让爸爸担心，可是爸爸的建议又做不到，于是在无形中增加了对自己的评判。时间一长，我与工作和金钱关系受伤了，却不明白问题究竟在何处。

近年来我的生命出现了许多奇特的缘分和冒险，帮助我疗愈了不少上述情绪创伤。这七年来，我遇到了许多的"族人"，他们跟我一样隐身在人群中，他们跟我的特质很相像，并且也走过不少跟我一样的心路历程，但他们最终勇敢地走出了自己的路。

其中一些朋友最极致的发展是，他们虽然曾经成长于大城市，有不少还是高级知识分子，但最终跟随着内心的呼唤，真的一步步过上了自给自足的生活。他们有着一块自己的地，用捡拾的天然材料亲手建造自己的房子。他们中很多人不用任何科技产品、电和自来水，自己种地和入山打猎，与周围的人以物易物，甚至已经好长一段时间没有机会使用货币。但是他们一样养育孩子，给孩子丰富的生活，建立社群（我们称"部落"），并用大把的时间与自然为伍以及共创以爱为连接的灵性互助圈。

我很诚实地说，很大一部分的我很向往这样的生活，但此刻我们的家还没有准备好要做到这个程度，未来也许有一天会自然到达那个程度，也许不会，但我们都对这个趋势和发展保持开放。重要的是，这些朋友的生命展示对我意义非凡，我终于知道原来有很多人的感觉跟我一样，但是他们勇于接纳自己的特质，用行动力创造出自己理想的生活，真实且炙热。

看着别人生命的实践，帮助我接纳自己，也不再对世界感到愤怒。我们不但可以允许自己独特又不同，也同时可以欣赏这个世界的丰富特质，不论是主流或是非主流，都有人在其中发光发热，这是多么有趣。

而事实是，其实更多的我们，需要取一个中间值。不论内在是否向往离群索居的自然生活，我们依然要与多数地球人一起生活。我们依然会使用金钱、运用科技，需要有份工作，有想要分享的理念和产品，需要在都市里找一个安歇之处。我们需要的是，有能力全然接纳自己，也接纳世界目前的样貌。更理想的样子是，保持自己的真实，又能在生活中如鱼得水，怡然自得。这没有那么容易，我还在校准着其中的平衡。

但这一体悟已经足以帮助我，让我在跟爸爸对话时，少了许多"用力"，我不再用力去迎合一个不存在的期待，不再用力想要听懂自己听不懂的东西。其中最重要的是，不论我们的观点是否一致，我都理解这些对话中最珍贵的是，爸爸对我的爱，和我对爸爸的在乎。

这就是为什么，去年我生平第一次有了勇气主动问爸爸，究竟什么是商业？商业和金钱的本质是什么？我该如何在发挥自己的特质、秉持原则的前提下，把自己觉得重要的理念和服务推广出去，并转化为可以滋养和维持生活的金钱？虽然那为期五天的深度对谈还是触碰到了我不少的恐惧和脆弱，但我还是觉得跟爸爸一起深探这条我们曾经都最怕触碰的鸿沟很勇敢。爸爸也很勇敢，放下了对我的眼泪和冲突的恐惧，说出了很多真心话。

我记得那时，父女五天"走过幽谷"深度对谈之旅的期间，有一个片刻我对爸爸的论述所发散的炙热深深感动，如今依然记忆犹新。那时爸爸说自己本来从事文字和社会评论工作，36岁那年转行从商，创业初期苦不堪言，内在可能也如我一般对商业有着许多成见，但是最后却保有一份对商业的情有独钟，并看到了其中的简洁的力量。那次对话对我有巨大的影响，让我把多年来对商业和金钱的成见大反转，让我用更加自在而健康的态度重新看待它们在我生命中的位置。

所以我想要任性地请爸爸再为我梳理一次您对商业的本质的理解，让这个礼物伴随着我的生命，不论我是什么特质和流派的新人类，都可以将这份见解运用于我所钟爱的事物，创造我想要的生活。

质灵

质灵：

先回答你的问题。

商业的本质，是因为一个人（或一家人）生活太辛苦，抢来抢去又太野蛮，所以人们开始了"交换"。"交换"就是商业的本质。它让彼此不熟悉的人也可以分工合作、互通有无，因此它也是文明的起点。

你所向往的以物易物，其实正是原始的商业。后来人们深感以物易物太麻烦，于是发明货币以提升交换效率，这就是金钱的起源。由此可见，商业和金钱，都是人类文明史上的伟大发明，是人类享有丰盛生活的基石。

时至今日，人的生活已离不开金钱，而且通常通过"工作"来获得金钱。"工作"的本质，是别人有需要，而你有意愿及能力满足别人的需要，从中得到金钱的回报，满足自己的需要。别人对你的需要越大，你满足别人需要的能耐越高，你就得到更多金钱，享有更丰盛的生活。我们一般所定义的"成功"，大概就是这样。

由此看来，商业和金钱，都是解决人类基本需要的重要元素。他们的本质，是简单而朴素的，是必要而务实的，也是极容易被理解的。

因此我认为你的问题，其实不是不理解商业的本质，而是为什么会对商业和金钱产生障碍。在描述中，过去的你，对商业和金钱充斥着各种负面情绪、评判、自责及合理化，我认为这才是真正的问题。

在我看来，极可能是在幼年时期，你已耳濡目染、在无意识中种下了对商业和金钱的某种信念，因而错误解读了它们的本质，漠视了自己内在的相关潜能，并以各种合理化想法和选择性经历，不断强化这样的信念，形成了大量自我限制，最后得到了自己其实不想要的结果。因此你真正的功课，是追根溯源、消除对商业及金钱的内在障碍。

当然，我并不否认在当今之世，商业和金钱的本质也的确常受污染，其作用也常被夸大，这当然并非全貌。如果一个人内在没有障碍，很容易避免受影响，则不至于产生复杂的负面情绪。

消除对商业和金钱的内在障碍这功课并不容易，也不是单纯通过知识吸收、头脑理解和行为改变可以完成的，因为它极可能在幼年时期已形成，深深植入在了潜意识中。

我回想自己的童年经历，最深的印象，就是跟母亲要钱很困难。于是当年少不更事的我，形成了影响一生的念头：想要钱，就自己想办法。所谓的"办法"，有一个演变过程：从偷拿家里的钱，到偷拿家里的物品变卖，到在外面捡拾破铜烂铁换钱，到假日打工赚钱，到后来工作赚薪水，创业经营公司市值……虽然起步时手段并不正当，但核心概念的"靠自己"和"一定有办法"却是贯穿始终的。

我很庆幸自己拥有这两个概念，并通过实践证明可行，陪伴我度过了大半生。因此在人生的路途上，虽然出身寒微，曾经不止一次面临匮乏，甚至借贷度日，却仍面对金钱毫无恐惧，以至于时常被人误会我出身优渥家庭。直到如今，我仍然相信，万一因故破产，还是可以自己想办法赚钱，而且一定有办法。

另一个对我影响重大的印象，是继父虽然收入不高，却因认真赚钱养家而在家里享有很高地位。因此在赚钱这件事上，我从来不缺乏动机：从早期的满足自己需要，到换取自由（脱离母亲的掌控），到证明自己有价值，到得到别人尊重……金钱一直是我达成人生目标的有效工具，而我总能找到办法驾驭这工具，因此金钱与我的关系还算正常，并非人生重要议题。

老爸分享这些，是想鼓励你回溯一下自己关于商业和金钱的价值观从何而来。每当表现低于应有水平时，每当感受到负面情绪时，认真检查一下自己脑中的念头、情绪，甚至体感，然后看看这些念头、情绪和体感是否似曾相识？上一次出现是什么时候？三年前？五年前？少年时？幼年时？是否曾经出现过类似的体验？一直追溯到它的第一次出现，再设法追忆当时发生了什么？看见了什么？听到了什么？想到了什么？感受到了什么？决定了什么？

依我个人的经验，追溯少年甚至幼年时的经历，是十分重要的（七岁前最重要）。因为很多无意识但根深蒂固的信念，就是那时候产生的，然后被我们所遗忘，却影响了我们一生。把它们一一挖出来，认认真真地看清楚，它们所产生的作用力就会减弱，甚至消失。

举例来说，一个小女生因家贫被送出当养女，在养父母家衣食无虞。但她童年时，曾目睹亲生父亲向养母借钱就医未果，不久后去世。在她幼小的心灵里，从此种下了一个念头：没钱就得死。这导致她一生都基于恐惧而拼命赚钱，即使日后创业成功，拥有大量财富，仍然活在金钱的阴影中。

再举例来说，一个小男生从小听到父母为钱财而争吵，从此种下了一个念头：金钱是争吵的根源，是不祥之物。终其一生，他都不愿面对金钱，只要关系中产生任何跟金钱有关的压力，他立即"破财消灾"，无法向索取钱财的人说不。

这两个案例都有明显的发生，但更多的案例，是在日常生活中植入了被扭曲的信念，当事人浑然不知。这种状况，通常来自幼年时的长辈（尤其是照顾者），有时通过刻意的教诲，更常通过不经意的语言，甚至无意识的暗示。因此，除了追溯自己的相关体验外，刻意地检查一下幼年时期相关照顾者的金钱事业观，我认为也是很有必要的。

关于金钱和事业，最后再提醒一句：你只能"放下"曾经拥有或经历过的，那些你还没追求就开始评判或自认为不需要的，很可能都是"放弃"，而人一旦放弃，就会寻求各种合理化。要时时检查自己的合理化，因为它会阻止你消除自己的障碍。

亲爱的女儿，很抱歉爸爸在你小时候没机会也不够用心，没能陪伴你建立属于自己的良好金钱及事业观，让你受苦了。如今你只能靠自己，老爸相信你一定可以的。

爸爸

第 18 封信 | 寻找事业伙伴

质灵的信

亲爱的爸爸：

您也知道我小时候就喜欢画画，自然日后也一步步走上了艺术创作的路，当时我选择的创作方式以绘画为主。绘画是一种非常简单的表达方式，一般情况下使用的工具也很简单，只要有画布、颜料和笔就可以开始。画画这件事基本上一个人就可以完成所有工作，所以非常长的一段时间里，我的工作没有特别需要与人一起共事，我只要面对画布就能完成所有的事情。最多，是画作完成后的展示和销售才需要与人做简单的沟通，很多时候也都由经纪人担任这部分的工作。

记得那些年，您常常说要我多出去走走，去找一份工作，多与人一起共事，学习与不同的人一起工作。爸爸一直以来的工作方式，多与人接触，我也知道爸爸在与人共事的过程中对生命的成长看得比我清楚，不过我当时年轻，沉浸在自己的创作中，总觉得是爸爸没有看到我艺术创作的价值，老是要我出去找其他工作，感觉有点难过。

没想到做创作这么多年后，为了回应内在的需要，我也迎来了渴望转换工作赛道的阶段，经过了一段时间的尝试与探索，我选择成为一个纯植物性饮食的厨师和纯素饮食的推广者。

这条道路跟以往只要面对画布的工作截然不同，很多时候我无法独自一个人完成工作，需要与人合作。另外在沟通上，我不仅要与伙伴交流，也需要与大众和世界沟通。

由于新的工作是我主动想要转换的，对于全新的学习我自然充满热情与期待，也是在这些过程中体会到了爸爸之前的提醒，了解到与人共事沟通是一门艺术，就跟绘画艺术一样博大精深，需要许多练习和实践，其中的智慧可真不是看一两本沟通书籍就可以轻易习得的。

在与人共事中，熟悉、好相处和好沟通的人，往往是跟自己气味相近和相投的人，曾经总觉得找这样的人一起共事最好，因为可以减少摩擦。但是后来发现，在工作推进的过程中，大家的想法和频率太过一致，沟通的方式过度重视和谐时，就很难看出工作和团队哪里需要调整和改进，或是也很难指出彼此需要改进的地方，更难有超出小范围集体认知外的思考角度与想象空间。

我也尝试寻找能力与专长与我非常不一样的人，希望可以互相补足彼此较为生疏的专业领域，让事情的运作更顺畅，但是不免也会遇到想法差距太大、价值观很难匹配的问题，最后达不成共识的过程让沟通变得耗时且累人。

最后想想，我对于伙伴关系的经验还是太少，总是以简单的思维模式套用在实践当中，想要听听爸爸在这方面的建议。

曾听爸爸提过，找合伙人或是事业的伙伴，其重要程度与找伴侣有的比。我想，找到如何选择伴侣的指南很容易，世界上也不缺乏相关的经验谈，但我总觉得少有听到关于如何选择合适工作伙伴的论述，想请问爸爸可否跟我分享你的经验。

在寻觅和磨合合作伙伴时，有哪些至关重要的思考方式值得我们优先考虑？找员工与找合作伙伴的情况类似吗？为什么您说找合适的工作伙伴跟找伴侣一样重要呢？

谢谢爸爸，期待您的分享！

质灵

质灵：

找创业伙伴和找结婚对象一样难，为什么？其一，两者都是长期、重要而亲密的关系；其二，两者都没有血缘基础；其三，两者都以平等为假设，却要求高度默契、密切分工。尤其在受个人主义熏染的现代社会，这事更难上加难。

以我个人为例。当年创业由四位好友一起筹划，启动时却有两位因故未能参与，剩下两位勉而为之。初期惨淡经营时，我内心常嘀咕，如果四人到齐，也许就不至于这么辛苦。其后，因为经营不顺，我和另一位伙伴因理念不合常有冲突，直到把事业板块切割、分而治之，才渐入佳境。

我事后反思，当年合伙创业，多少有点"人多不怕鬼"的妄想。事实真相是，创业必须有一个人承担最终后果，拥有最终决定权。创业伙伴，即使是好友，也必须一开始就明确主从之分，平起平坐是很难有好结果的。

就比如说，历史上有名的"桃园三结义"，刘关张"合伙创业"，后来又"三顾茅庐"邀来了诸葛亮。这四人之所以能闯出一片天下，重点是无论其余三人多能干，刘备始终是老大。没有这个前提，故事可能就截然不同了。

所以老爸想给你的第一个建议，是如果无法承担最终后果，就不要创业。如果有人找你创业，就要看他能否承担最终结果。如果他能，你也参与了创业，就得做好心理准备，意见不同时，听他的。

如何判断自己或别人能否承担创业结果呢？首先，每个事业都有若干成败关键因素，创业者能掌握越多关键因素，成功概率就越高；其次，成功是有基因和惯性的，创业者过去成功经验越多，再度成功的机会越大；再其次，创业是不断面临挑战的高风险环境，创业者必须具备应对变化、不断修正、绝不放弃的个性特质；最后，主要创业者必须有能识人、会用人、勇于承担、乐于分享的领袖气质。

因此，有关创业的思考，首先要确认自己到底是千里马还是伯乐或两者都不是？

如果两者都不是，创业这件事基本上与你无关，因为无论在才能和性格特质的要求上，创业的门槛都比就业高，等闲之辈最好不要找麻烦。

如果你自诩是伯乐，看准创业机会并且下定决心，恭喜你，大胆迈向自己的英雄之旅吧；如果你自认是千里马，又有创业的想法，认真去找志同道合又欣赏你的伯乐，打动他，跟随他一起创业吧。

你问我创业伙伴是否要找个性和专长不同的人，我的答案是肯定的。原因有二：其一，如前所述，事业都有成败关键因素，伙伴的不同专长越能涵盖这些关键因素，成功的概率越高；其二，一个组织需要不同职能的核心成员，分别是"震山虎""高飞鹰""叼肉狼""看门狗"，缺一不可。可以想见，具有这些不同特质的人，个性也肯定不一样。

要让这些专长和个性不同的人组成一个团队，当然不容易。必须有能服众的人带领大家进行组织修炼，让核心成员皆能超越自我，以团队为重，才能一关又一关地通过考验，完成创业之旅。

这种创业者就是我所说的伯乐。伯乐能相中、收服、调教千里马，让千里马各安其位、各尽所能。就像刘备就是伯乐，才能驾驭专长和个性完全不同的诸葛亮、关羽和张飞，没有他，剩下的三个人不可能共事成事。所以我才说，没有伯乐，不要贸然创业。

至于好朋友共同创业，其实有利有弊，并非必要条件。如果所谓的好朋友，是孔老夫子所说的"友直""友谅""友多闻"，或许有助于创业初期所需的默契和凝聚力，但若只是"相濡以沫"、性情相投的好友，则可能与创业所需的团队组合背道而驰。因为创业必将不断面临外在无情的挑战，以感情为基础的团队，很少能通过这样的考验。

另外，随着事业的发展，对人才的需求不断升级，创始团队鲜少能同步成长适应组织需要，届时感情因素反而会成为发展的障碍。以我的经验，好朋友能通过长期创业考验的，犹如凤毛麟角；反而是通过创业考验的伙伴，如果有缘成为朋友，通常可长可久。因为创业对关系设定的标准，远远高于一般的友情。结论是：如果好友正巧适合一起创业，固然是好事；但若只在好友中选择创业伙伴，则常常会带来灾难，最后连朋友也做不成。

以上所说，就是创业伙伴关系的基本面。其中任何一点，若不如实面对，代价必然万分惨痛！

爸爸

第 19 封信｜义无反顾就是正确的选择

默蓝的信

爸爸：

记得刚被大学录取时，我们讨论过选专业的事情。你斩钉截铁地说："选最没用的那个专业就对了。"你主张，大学是一个建立思想架构的重要时期。技术和专业瞬息万变，倒还不急着学，到了业界再说。因此，在任何学院之中，应优先选择最基础、具哲理深度的学科。你说，理工科的就学物理、数学，文科的就学历史、人类学，商科的就学经济。

我听了觉得颇有道理，也很窃喜——不知道怎么搞的，我这个人对于各种有用的东西最没兴趣了，就连考驾照都是迫于亲友们多年催促才终于去处理的。因此，我顺势，遵循爸爸的教诲，大学期间，那些有用的东西，能不学就不学。

为什么大学时期需要专注于广泛了解世界，建立思想架构呢？你说，在信息大爆炸的时代，知识和自来水一样，唾手可得。这时，比起记忆很多信息，更重要的是能够诠释这些信息。如果有一个完整的思想架构，接收到的任何信息将不再是杂乱无章地浮游在心智之间，而是妥善归档在架构之中，这样一来，这些信息和世界中其他元素的相互关系就会一目了然。

由此我想，在当今世界中，金钱（以及其中所承载的资源与权力）是塑造社会各种现象的一大驱动力，对于人文和自然环境皆有毋庸置疑的影响。那么，要了解世界运作的基础架构，就先从了解金钱开始好了。因此，我选了经济学。这门学科，不能说完全没用，但它在业界的直接应用也不多。

这个专业的选择，我有时觉得后悔，又有时觉得是最完美的安排。

为什么后悔？因为没选一个更有用的可以直接转换为财富的专业，比如信息工程或是商业管理。有时后悔没学一些更没有用，更无关紧要，但是更加符合自己性情的学科，比如文学或是食物系统学，做一个实实在在的诗人或是学者，能够在我所钟爱的事物中深入钻研，无怨无悔。如今，我既没有发大财，又没住进象牙塔里，更没成为全职的吟游诗人，却不上不下地在商业之中打滚，觉得自己什么都不是。这种没有定位，也没有清晰轨道的状态，令我有些焦虑。

又有时，我感到十分幸运，自己虽什么都不是，却穿梭于好几个不同的世界之间，来去自如。学习经济学，又在科技业做事，让我听得懂金钱的语言，能够感知到市场的动态，也有机会更近距离地观察社会的冷暖、人性的美丑，学习因应之道。这些学习让我的性格更加"务实""接地气"。当然，能够学习到许多关于尖端科技的最新知识，我觉得颇有意思，必要时刻可能也挺管用的。况且，毕竟有个"常规"的工作，我手边有些钱，不至于有严重的生存压力，让我十分感恩。

然而，我对于发展或是角逐市场占有率兴趣有限，有一半的我，魂魄频频归去一个如梦境般的世界之中，引领着我四处寻觅传说中那座丰饶的食物森林（还真的被我找到了），追着海浪来到墨西哥的一个南方小镇，结交了各种各样千奇百怪的"非典型"人物，甚至一丝不挂地跳进夜里一片漆黑的地中海，向星空呐喊着心中的喜悦、恐惧和祈祷。在这里，有超越金钱和物质的理想，有美丽的非理智。因此，我好像听得懂嬉皮、诗人还有狂人的语言，也感受得到他们的情怀。

也许，正因为自己什么都不是，才让我得到了只有汇聚于多个世界的交叉路口上才看得清的实相。也许我就是一个如此多元的人，现阶段也就该这么过；又也许，这些都不过是自圆其说，安慰自己的话罢了，因为我本质上就是个既不务实又不够一意孤行的人。只有这么想，才能让我好过一些。

不管怎样，回到最初的问题：我的专业到底选对了吗？爸爸的建议到底是智慧还是馊主意？毫无疑问，我绝对是选对了。重点不在于这世上有个绝对正确的答案被我们蒙中了，而是，每个选择都是正确的。这世界上就是有人该选择去学信息工程、商管、文学或是食物系统学，可以展开与我有所不同的故事，经历和我有所不同的懊悔。这世界也本来就需要有各种不同的人，专精的技术人员，什么都会一点的通才，各司其职，社会才能运作。而我呢，就该选择经济学，因为我选择了经济学。

即使冥冥之中真的有一本天书里白纸黑字地写着，我最完美的宿命原本该选别的学科，而不是经济学，我也认为我选对了，因为，我会让它变成正确、完美的选择。

爸爸的建议绝对是好建议，这并非因为我可以论证你的建议是否普遍适用于所有大学生，而是因为你是说给我听的，而我听到了，也执行了。

义无反顾，就是正确的选择，哪怕是用骰子掷出来的选择。

默蓝

默蓝：

记得我们父女那段对话，是你进大学半年后。当时我的回答是：既然无法决定主修什么，就先选个没用的。

很少有父亲会给出这么"不负责任"的建议，因此有必要说明一下。

其一，我认为大学的最重要功能，不是职业培训，而是人格养成。

其二，我认为你可能的事业顶峰将在二三十年后，届时人工智能可能取代并淘汰了多数"有规可循"的工作，也就是我们现在所谓"专业实用"的领域，反而是越"没用"的、越不依靠逻辑和规则的，越不容易被替代。

其三，大多数有用的学科，都是人才必争之地，属于职场中的"红海"，没用的领域，较少一流人才进入，反而成为职场中的"蓝海"。

其四，专业的学科通常要投入大量精力，会妨碍你在人生最难得的大学时光尽情地体验和探索其他领域。

其五，因为你提问，表示尚未找到中意的领域，所以我才给你没用的建议，否则就不会说了。况且我曾听你说过不甘于平庸，也知道你有能耐面对挑战，才会给你这种短期内风险较大的建议。不过，这当然不是适用于所有人的。

我的回答，是有经验基础的。印象比较深的一件事，是十余年前，《商业周刊》邀请美国哈佛大学"教育改革委员会"的负责人来我们台湾访问。作为东道主，我有机会跟他深谈。我问他，哈佛大学为什么成立这个委员会？他说：因为环境和技术变化太快，大学如今已不确定所教的专业知识在学生出校门以后能"有用"多久，甚至最极端的案例，出校门的时候就已经"没用"了。

我又问他，委员会最后的结论是什么？他说出了一串"终身有用"的学习，诸如搜寻信息、分析、沟通、洞察、人际相处、自我管理、领导等能力，听起来都既不专业也不热门。这是一群负责任的教育工作者的认真结论，当然值得参考。

再说说我自己年轻时的经验。我当年读名列前茅的高中，男生多数都报考理工科。我个人数学成绩不俗，但对理工没兴趣。那时正值李敖跟名教授打笔仗，风靡一时，成了我的偶像。因为他是学历史的，我就糊里糊涂进了历史系。很庆幸母亲不认识字，没什么意见，才让我如此轻率地选了大冷门学科。

我很感谢冷门专业的轻松氛围，给了我很奢侈的课外时间，让我可以广泛探索各类知识及人生课题，体验多彩多姿的校园生活，并成为学生领导，人生从此脱胎换骨。

后来我因为仰慕一位政治学教授的风范，追随他考了政治研究所。毕业工作几年后，想重新找一个"专业"安身立命，就在美国读了企业管理。

就这样，我年轻时很随缘地文、法、商各学了一科，之后做了一段时间新闻工作，又创办了一个杂志出版集团，所学和所用，完全不搭界。但认真想起来，学历史养成了我大视角看问题的习惯，学政治有助于我在价值观和游戏规则上的清醒，学管理培养了我用数据分析问题的素养。这些不同领域的涉猎，让我做新闻工作有独特视角，管理事业有独创风格。追根究底，到底什么叫"有用"，很难对号入座，得回过头来看才明白。

对人生而言，到底学什么最有用呢？最简单的答案就是：能够让你活得更好的，就对你有用！我们跟随着自己的心，把注意力放在我们当时关注的事上，自然就会在这个领域有收获；这些收获日积月累，塑造了个人特质，呈现为个人魅力，让别人喜欢你、愿意跟你共事，最后让你做的每一件事，都反映出不同的韵味和深度。这样的人，无论做什么，都很难不成功的。难道这不就是所谓的"大用"？专业的"小用"只能让你工作称职，生命内涵的"大用"才能让你丰盛圆满。

因此在选择学什么的时候，我不把自己当作工具，只致力于发展自己。我认为发展自己才是主要的，是要用一辈子去学的，所以从不限制自己于某一个专业。因为在某种意义上，越专业就越窄，我可不想自己的人生这么窄。孔老夫子说"君子不器"，应该也就是这个意思。

你说自己现阶段有时会迷惘，这很正常，因为每一个抉择必然有得有失。依循社会的安全轨道，还是大胆在轨道外探索荒野？这是每个人终生都要面对的课题，你老爸我也不能免俗。这件事的答案，只能交给时间。

爸爸活得够久，看到的案例够多，最后觉得人生跟投资的原理是一样的：高风险高回报，低风险低回报。至于风险如何管理，就要看你人生不同阶段、面对不同处境时，对风险的偏好如何了。风险偏好与生命底层的自信有关，与对环境和趋势的解读有关，也与自己人生的目标有关。简言之，如何面对风险，决定了你是谁。

但在大趋势的解读上，我认为未来世界的变化基本上不可预测，有很多大家视而不见的"灰犀牛"，还有更多很难掌握的"黑天鹅"。未来将是一个灰犀牛和黑天鹅四处乱窜的世界，我们能做的，是尽可能辨识出灰犀牛，避免被它撞倒，然后把自己准备好，在黑天鹅的世界尽可能让自己艺高胆大。在未来的世界，最惨的人是追求安全感却被灰犀牛撞翻，最精彩的人，是与黑天鹅共舞仍游刃有余。我认为，学习面对并适应风险，是当前年轻人无法逃避的功课。

你在信末说的：义无反顾，就是正确的选择，哪怕是用骰子掷出来的选择！这句话太有气魄了，孔老夫子听到，也说不定会给你个"求仁得仁"的赞。有你这句话，老爸放心了！

爸爸

第 20 封信 | 走出童年的恐惧

质灵的信

亲爱的爸爸：

前阵子我跟泰元起了一个大的口角。不过爸爸别担心，起口角不是大事，两个人相处免不了会有意见不合的时候。我也观察到我和泰元在一起的这几年，平均一年我们就会有一次比较大的摩擦。但很感谢，每次大摩擦的结尾，我们都用了圆满的方式化解，大部分时候，我们也通过这个过程更了解彼此，从而有了更深的情感连接。

这次虽然也如之前一般有了和好的圆满结局，但如今的我们对事情的发生有了更高觉察与对自己的要求，渐渐觉得很多时候口角是可以避免的，因为每次的口角都携带了一些类似的课题，比如说内在的不安全感、用惯性的方式对话、激烈沟通后的共识没有更新……所以总感觉有些议题其中有着炒冷饭的模式：虽然口角的内容不同，但每次都在同样的核心问题上中箭落马。

我最深的观察是，自己不在情绪波动里的时候，可以更容易地尝试新的做法，但若是在情绪之中，会很明显地看见自己有一个明知该跨过去的坎，却怎么也跨不过去……

通常这样的情境总是伴随着很深的情绪凝聚，我可以感觉到内在有两股力量：一是很理智和清晰的意识，知道该怎么做可以化解当下的纠结；二是一个被情绪的波动带着走的自己，并非故意，但就是难以从情绪中走出来。

我们有一些化解类似情境的方法，最常使用的是"暂停键"，先让彼此离开冲突场域，先去外面透透气，或是去做事，让情绪的波动变小后再回到对话中来。如果是小事，通常在按下暂停键之后，就可以直接互相道歉和道谢，圆满地结束这次口角，也不太会有后续未解情绪。但是有的时候是比较大的深层冲突时，暂停键就不一定这么管用，比如会有一方不愿意暂停，或是暂停回来后，情绪又跟着情境再现了。

有时我们还会用互信的方式，比如在冲突的当下，先休战，然后一起练习深度呼吸或是静心，有的时候会有很好的效果。但是真的还是看情况，有时在信任度不够高的处境，甚至会有反效果。

我们有一点共识，就是无论如何，在情绪之中，不要说出刻意伤害对方的话语，也就是不要说气话或是反话，尽可能地描述自己的真实感受和处境，无论是无助还是恐惧。不过有的时候，我总觉得这样是不够的，虽然我们学会了接纳和认清自己的当下状态，诚实无添加地表达自己，尽可能地让情绪的波动减少后再沟通……

但是我总觉得自己还是在事物表层打转，有时"蜕变"会到来，但是并不一定。我有种渴求，想要知道其中的成长脉络。不知道爸爸经历了更多类似经验，是否了解我想表达的意思？

爸爸您呢？您碰到冲突的时候，都是怎么面对的？在关系中，我们怎么样可以真正在沟通中成长和蜕变？

质灵

（回信）

质灵：

读你的来信，感觉很欣慰。回想自己当年面对亲密关系冲突时，理解和处置皆不如你。而你如今做到的，正是我仍在提醒自己的。

在亲密关系中的修炼，是难得且不应逃避的。你做到了，相当难能可贵。因此我认为，你们的主要问题已不再是亲密关系，而是找到各自的人生主题后，进一步的深挖和改变。

多数人选择伴侣，常落入两种不同倾向，其一是互补，其二是同类。通常"互补型"的伴侣，沟通和适应是主要问题；"同类型"的伴侣，问题则是互相依赖和成长受限。我认为你和泰元是同类型的，问题在于彼此带给对方的刺激和赋能不足，虽能相濡以沫，却不易相辅相成。

比如你们相约不说反话、气话，尽量真实表达感受与处境，这在沟通和相处上自然是好的，但处于情绪中时，仍难避免重演同样的情境。因为真实表达是理性，反话、气话是情绪，理性过关而情绪没过，情绪过关而问题仍在，困境才会不断重演。这就不是沟通可以解决的了，而是必须各自面对自己的功课，走出关系舒适圈，到外面的世界接受历练。

我的问题和你完全相反，因为我找的对象通常是"非同类"，而且在相处中尽量避免冲突。后来我深深地剖析自己的模式，发现一切都与幼年时跟母亲的相处有关。

如你所知，我幼年时跟母亲的关系是错综复杂的。她是我在世上唯一的亲人，在外面世界她是弱者，但对我的管教却极为强势，关系中不存在有来有往的沟通。幼年的我，十分惧怕母亲的情绪起伏，而且内心深处觉得沟通是不可能的。因此我童年的生存策略，是表面顺从而暗中自行其是，活在时时担心"东窗事发"的恐惧中，一心一意只想赶快长大、独立，脱离母亲的管束。

我后来在深挖中，浮现出一个遗忘数十年的童年场景，叫作"半夜尿床惊魂记"。那时我应该早已超出小孩尿床的年龄，却时不时地尿床，每逢半夜尿床惊醒，内心充满懊恼和惧怕，不敢再入睡，在惶恐中期盼体温能烘干尿湿的被褥，并在起床后慌忙掩盖"证据"，然后带着恐惧"东窗事发"的惴惴不安去上学。

回想起这段童年往事后，我用自己的心理学知识找答案：为什么在不该尿床的年龄仍然尿床呢？可能深层意识中，是发泄对母亲无法表达的委屈和愤怒，是用尿床惩罚母亲，顺便惩罚自己。同时，因为在"东窗事发"后，通常是遭到一顿打骂，然后母亲就会诉说自己的不幸人生，最后的结论是：她的人生一无所有，只剩母子相依为命，然后我也在深深自责中，重新确认了自己在母亲心中不可取代的地位。这是我感受到来自母亲的爱的唯一方式，也是母子关系深度链接的唯一方式。

这样的童年剧本，在我日后的两性关系中时常无意识地"强迫性重复"。我总是被非同类的异性吸引，相较于我，她们总是在外面的世界处于弱势，却在两性关系中展现强势。我则尽量避免冲突，默默承受甚至助长对方的强势，然后不断证实亲密关系中的异性沟通是无效的，只能自行其是，然后活在恐惧"东窗事发"的关系牢笼中。或许，这种不断重复体验童年情境的无意识模式，也是我怀念母亲的唯一方式。

看见自己这样的模式，我知道自己在两性关系中的主题，是走出童年剧本，是练习面对亲密关系中的冲突，是如实表达自己的感受和需求，是相信在亲密关系中的沟通是可能的，是不再自行其是然后处于"东窗事发"的恐惧中，是在内心世界与母亲真正的分离和不再以如此扭曲的方式怀念她……这些模式，我通过深挖内在生命状态，花了几十年才看明白，又花了更长的时间让自己慢慢走出来。称之为贯穿一生的大功课，绝不为过。

读到这里，相信我亲爱的女儿已经知道，老爸不可能在这方面给你什么好建议。这封信唯一的意义，可能是让你看到：即使处于人生下半场，老爸仍然勇于面对自己的人生议题，仍然认真挖掘自己的童年剧本，仍然努力修正自己根深蒂固的模式，不断挣脱自己曾经暗中施予的魔咒……

希望这样的分享，能对你挖掘自己的童年剧本、面对自己的主要人生议题有帮助，因为两性关系正是"强迫性重复童年剧本"的主要演出场景。

爸爸

质灵的信

亲爱的爸爸：

记得果果出生后没多久，我们进行了一次闲聊。我已经不记得我原话说了什么，只记得是关于如何避免孩子在成长的过程中经受到我小时候经受的痛苦。我记得爸爸当时有点不以为然地说："哎呀，反正孩子怎么样都是会受伤的，你给他再好的环境，最后他还是会告诉你他对你有什么不满、他的童年是如何如何地充满创伤。"

那时听完爸爸说的这句话，不知为何一直印在我的脑海中，在我这三年的育儿过程中不时浮现。

我想其中一个原因是，爸爸觉得我太多的负面生命状态，都是因为我的生命还有很大一部分依然困在自己的童年创伤中无法自拔，虽然我尽可能努力疗愈自己，振作起来，不论如何不要怪罪父母。但是不论我压抑了多少痛苦，对任何人来说还是太多了，爸爸有时真的也很无奈吧。

我在 23 岁以前，觉得自己的生命状态跟童年的创伤有关，所以我当时真的对父母有很大的抱怨，但是经过了多年的痛苦怨怼，我并没有变得比较好，因为抱怨父母也让我深感负疚，我也知道父母无论再怎么感到抱歉，也无法让我释怀、改变已经发生的事情，更无法让我从此变得比较快乐。有一天我突然醒悟了，我认知到父母跟我一样也是人，你们跟我一样也在学习如何活好，虽然你们年龄比我长，也有能力生下我，成为我的父母，但是不代表我该对你们有任何不真实的期待和投射，我不该把我心中的"完美父母"投射在你们身上。当我一心编织的梦想与现实产生了巨大的落差，就像用滤镜去看一切真实，终究让我受尽了折磨。

而这些心与身的创伤也好，与期望存在差距的失落也好，都无法通过讨伐他人和自己来修补，只有在我认知到除非我愿意好起来，愿意修复自己，不然我将一辈子卡在这里无法前行。也是从那时候开始，我开始寻求帮助，各种疗愈的工具以不同的形式来到我的生命中，感谢爸爸也介绍了不少方式给我。

清理家庭的伤，一直是我生命中的重要主题，有几年甚至是我主要在做的事情。那几年不仅学习各种梳理和清理自己的方式，也在自己的绘画事业中，画下了许多自己的历程来疗愈自己。这个疗愈和清理过程不是一直都很顺利，也不是线性式地做了一个"疗程"后，我就重新做人从此有着光明的前途，更多时候是起起伏伏，不断摇摆，当我觉得有了一个重大突破后，往往又迎来了一个更巨大的挑战。有时还会很自责，自己怎么还是死性不改，我都已经做了这么多，为何内在小孩依然觉得有那么多的委屈和痛苦，有时我也会像爸爸一样觉得对我自己很无奈，觉得自己无论做再多都没有用。

从我开始知道要为自己的伤与疗愈负起责任以来，已经十多年过去了，我已经放下了"有一个伤在我的内心当中，我要把它挖干净"的想法，我开始尊重所有发生在我生命中的事情都会留下印记，我要学会的是我该怎么看待这些印记，理想的情况下，是好好地善用这些印记，成为自己的养分。然而，我必须说，这真的很不容易。

爸爸，我知道您一直都是以"硬汉"的方式去面对这些伤，所以我一直不确定这样的问题会得到什么样的答案。当我们的心真的在家庭中受伤了，伤得很重，有许多的委屈和不被理解，我们已经在理性上知道这不是任何人的错，需要我们自己负起责任，或是如你常说的，都是我们自己的问题，但是当这样的看法也无法消解和疗愈受伤的心时，该怎么做呢？

质灵

质灵：

关于童年创伤，很高兴你下决心要走出来，也很心疼你一路上的辛苦。关于爸爸当年没做好的部分，我已经多次道歉，应该不需要再重复了。但你既然提到我是以"硬汉"的方式面对童年创伤，我愿意分享自己的经验。

首先，在我人生的前半段，"童年创伤"这个名词并不流行，至少我没印象。读到"童年创伤"理论时，已经年过四十。用这理论检查自己的童年：出生就没爸，幼年被寄养，妈妈常打骂，常常遭受各种"酷刑"，威胁要送孤儿院，忽略我的需要……照理说，应该会有严重的童年创伤，但我怎么也找不到。难道我的童年创伤已经严重到麻木了？

认真检查后，我确定自己没有童年创伤（心理医师肯定不同意），头脑记忆中没有，情绪记忆中好像也没有。为什么该有却没有呢？我总结了两点：一是我认真地叛逆过，二是也认真地追求过。

叛逆和追求，都是对"童年命运"的回应，也的确用自己的方式满足了需求（虽然代价很大），降低了这些经历对我的影响。这些回应当然不成熟，也必然会留下后遗症，但因回应够强烈，足以"对冲"掉那些经历带来的影响，所以确实没觉得留下了什么"创伤"。

既然对"童年创伤"有这样的体验和自我诊断，不难想象，我对别人的童年创伤不太有同理心，想不明白为什么会纠缠这么久，使之变成人生挥之不去的主题。这些事不是早已过去了吗？为什么还抓住不放？这也许就是你所谓的"硬汉式"回答。对不起，爸爸不是故意的。

如今的我，有一些不同的了解。主要是近年来深入整理，发现自己在亲密关系上有一些矛盾难解的模式，确实受到童年与母亲相处经验的影响。我不喜欢用"童年创伤"来形容，更倾向于用"人生剧本"来看待。因为"童年创伤"容易指向"因为发生了什么，才造成了伤害"，"人生剧本"的视角则是"自己对发生的解读，影响了命运"。后者主体是自己，比较接近我对人生的理解，也比较容易掌握和处理。

就我的了解，人生剧本的大纲在六岁左右就已完成，因为是深层意识，所以很隐晦，但极为有力。若无内省功夫，很可能一辈子受影响而不自知。孩子的世界是夸张而魔幻的，情感是真实而混沌的，铺陈的逻辑是强烈而错乱的。我发现自己人生剧本的主轴是对母亲的情结，其中充斥着矛盾的元素，包括渴望、爱恋、保护、恐惧、怨恨、鄙视……

剧本的结局，是我终于可以对母亲说："你看到了吗？你是不可能绑住我的，但请放心，世界上也没有其他女人可以绑住我，哈哈哈！"我发现自己无意识地为了剧终这句话而活：因为不能被捆绑，所以必须不断自我壮大，同时不能深入亲密关系中。这剧本当然很莫名其妙。因为成年后，母亲根本没有要捆住我；即使在我小时候，她可能也没有这个意图。但是请别忘记，那是小男孩基于真实感受的解读，他不觉得那是剧本，他觉得那是真实人生的写照，而且永远都会是这样。

　　这个写剧本的小男孩，一直蛰伏在我生命的隐秘处，平常半昏睡，一旦出现挑战和冲击（通常是熟悉的负面情境），他就会惊醒，跳出来指导我的人生，确保我按他的剧本演出，不偏离最终结局的安排。这就是为什么有时候我明明不想这样，但不知咋的就变成这样？真相就是：童年时写了一个"孤独英雄"的剧本，而我仍在"忠实"地演出。

　　后来，我也在很多人的故事中，看到他们的人生剧本。发现很多剧本都是与父母间的纠缠。其中有很多是基于孩子对父母"盲目的爱"，而替自己写了各种"输家"剧本。譬如说，因为认为父母不幸福，所以不允许自己幸福，否则就是背叛；譬如说，因为认为父母犯了错，所以自己不可以成功，必须用失败来证明父母的错误，以作为父母的一面镜子。

孩子对父母的人生有自己的解读，又不懂如何表达情感，就用各类的奇幻方式找出路。剧本要求主角对某些事必须做某种反应（包括行为和情感），日久形成了固定的思维、情绪和行为模式。长大成人后，虽然对剧本一无所知，却仍然依照剧本所设定的情节做人生抉择。这就是我对人生剧本的了解。

你在信中提到：理性上都已了解，但仍无法走出来。根据我的经验，那个"理性上了解"的，是此时此刻成熟的你，而"不肯走出来"的，则是你的内在孩童。如果你认真探索，也许有机会了解内在小女孩在想些什么？感受了什么？甚至清楚地看到她曾经为你写了一个什么样的剧本。

找到自己的人生剧本，虽不保证从此就能走出来，但当然是很关键的一步。让你有可能在关键时刻保持清醒，有能力踩刹车，有能力做不同选择，最后让内在孩童日渐安静下来，从而活出自己想要的人生。

大多数人的一生，都受限于过去的"未尽事宜"，包括你老爸在内。只有少数人能认真看待并致力于清理这些"未尽事宜"，让自己的人生自由。很高兴你已经上路了，爸爸乐意与你携手同行。若有必要，欢迎随时交流。

爸爸

第 22 封信 | 向内探索

质灵的信

亲爱的爸爸：

我小时候，常常听妈妈说一些关于你们当年相处的故事，其中一个小片段是关于爸爸冥想的。有一次爸爸正在冥想，妈妈故意恶作剧，从您的背后扑上去，把爸爸吓得魂飞魄散。不知为何，这个故事片段在我的脑海中被刻画得特别生动，也许是这个画面最能清楚描述我的父母究竟携带着多么不同的特质吧。

还有一件事印象特别深刻。在我还很小的时候，大约六七岁时，爸爸有一次带着我去一个老朋友的家，主人是一对比爸爸年纪稍长的夫妇。我记得那位伯伯是个画家，家里有满满的画作。

那晚我们夜宿他们家的书房，在黑黑暗暗的小小房间里，我躺在老夫妇帮我们临时准备的地垫上准备睡觉，爸爸坐在旁边陪着我，可是在陌生的环境我感到不安，睡不着。记得那时爸爸想了一下，决定说一个故事给我听。当时爸爸用温暖的声音娓娓道来：那是关于一个印度王子的故事，话说他本来过着王室里最尊宠的生活，但是离开皇宫后惊见世人正遭受着各种人生的苦，最终促使他走上寻求解脱与成道的道路……我专注地聆听，被故事的内容深深吸引，慢慢地在抚慰的想象与陪伴的安心中入眠。

也记得在我上初中的时候，我们喜欢在短暂的相聚时光中，进行大量的对话。有一次我一口气提出了一个又一个对生命的"大哉问"，爸爸当时立刻指着自己床头的一大排系列书籍，推荐我阅读。那一大排书是一个印度的开悟大师的作品，我也是在那时候通过爸爸推荐阅读的书籍开始，自行寻觅起了灵性成长的道路。现在想想，爸爸的作风好大胆，居然让我在小小年纪就阅读这些关于生命奥秘的书。

那时虽然不能与爸爸常常相见，但是每一次的相聚爸爸总是把我当作朋友，跟我分享自己的人生感悟，分享那些让自己有所收获的书籍，其中很多都是深奥的经典与内在修炼的作品，但是你也不觉得小小的我会不懂，开心地跟我讨论。虽然那时我常常都是默默地听着，但是总觉得在这一点点的启蒙下，铺成了我人生很不一样的缘分，让我对世间一直有着不寻常的观点，无论内在外在多么混乱和低落，心中永远有一个安歇之地。

这个观点总结起来是：世间的一切我们尽可能地去体验，但内在的深处我们不要去评断一切的好与坏，因为这一切的体验都最终让我们更清楚地认识自己是谁，而自己的种种面向也像世间的各种斑斓绚丽，无论多精彩都如梦幻泡影，用力地活着但是不执着。

这些"超龄"的书，就像一道光的指引，让我对生命依然保持着探索与好奇，即使我不一定能在当下真的理解或体悟。小时候的我，常常生吞活剥地吸收着这些灵性知识；青春期的我，又总骄傲地以为自己已经理解了一切真理；现在的我，老老实实地在生活中不断反复体会和验证，经历着"看山是山、看山又不是山"的种种体悟，也都自在其中，渐渐可以接纳自己的领悟和不领悟。

那些描述真理的句子有时会在小小的心灵里留下刻痕，让我从小到大，无论碰上多么痛苦的事，总会有一个声音告诉我"不要担心，一切无常都会过去"，或是想想"一切都是幻相"，让我可以有兴趣，看看人生这个游乐场还会带给我什么惊喜。

因缘让我遇上现在的伴侣，我们在这方面的经历很像，所以很开心能和他无边界地在对话中探索生命的奥秘。在他的陪伴下，我们养成了每天一起静心冥想的习惯。我很开心能与伴侣一起进行向内看的练习，这个连接既绝对的独立又全然的亲密，我们常常一起分享彼此在灵性成长道路上的风景和体悟。

在我 20 岁的时候，有一位长辈看着我说："孩子，未来是你的世界了，一个像你一样这么早就开始探索和重视灵性成长的年轻人，未来不会孤单，因为将来的人们将越来越重视生命中真正重要的事。"

谢谢爸爸的"无心插柳"和无私的分享，这都是我生命成长的沃土。看着现在的世界，最混乱的局势与最稳定的心灵力量同时并行着，人们的内心也都在慢慢苏醒着，默默地做着自己的决定，决定自己想要成为一个什么样的人。

爸爸怎么看待这个静心冥想和寻求内在指引的需求量大增的世界？人们常常问我，如何找到内在的平静？如何开始静心？静心与我们现在的生活有什么关联？很早就开始在这条路上探索的您，会给出什么建议呢？

质灵

质灵：

是的，在那段与你妈妈做夫妻的日子，老爸的确时常被她吓得魂飞魄散。你妈妈就是这么另类的女人，因此我就假设，通过这奇特缘分来到人间的你，也一定相当另类。

而你儿时的床边故事居然是《释迦牟尼传》，看来我这老爸也够另类。我可能是觉得，你要被如此另类的母亲抚养长大，应该及早确立人生定位、了解人生真相，我才比较放心吧。所以在青少年时代，就不管你懂不懂，径自跟你分享了自己的人生体悟和议题，包括生死离合。

而你那时居然似乎听懂了，还很有兴致地各种追问。我觉得你不愧是我的女儿，但同时也难免担心：在这么小的年纪跟你说这些，会对你的人生造成什么影响？说实在的，一直到今天我都不确定自己这么做对不对，因此也不会建议其他父母这么做。

感谢你在信里说那时我们父女间的对话在你生命中留下了许多正面的影响，让我深感释怀。也许，因为你是这样的女儿，摊上我这样的爸，这样另类的成长陪伴，就是自然发生的吧。

你说这段成长经历，在你青春期的生命中埋下了种子，影响你很早就走上"向内探索"的道路，似乎是在等待属于你的时代到来，这一点，倒是我深深同意且相信的。

我曾说过，现代文明中十分突出的商业、科技和媒体的高速发展，基本上都是"放大器"。如果人类整体"生命质量"处于沉沦状态，就会加速呈现更大的副作用。而现代文明最大的问题就在于不平衡：生命质量经常处于混沌中，生命质量的放大却与日俱增，因此加速了业力的流转，时常处于大规模失控边缘。

而生命不平衡的主因，就是"向外"追求太多，"向内"探索太少。真正平衡的生命，必须内外兼备。这种论述，正是中华文化的要点。所谓"内圣外王"，所谓"诚意、正心、修身、齐家、治国、平天下"，讲的都是由内而外、由外而内，吾道一以贯之。

中华民族的复兴必定是一条内外兼修的道路。国家如此，个人更是如此。你自小接触到往内探索的缘分，固然是好事，也应该继续保持。但更重要的，是把向外追求的部分补足，才能活出内外兼修的平衡人生。

我自己在这条路上摸索了很久。由于成长背景特殊，我在青少年时代就知道自己内在有许多压抑、冲突和矛盾，因此大量阅读文学、哲学、心理学、宗教书籍，近乎饥渴地在书中找寻答案。

也曾经自以为找到了答案，一切了然于胸，无奈一旦碰到了现实，却完全经不起考验，只能把这些所谓知识暂时搁下。

大学毕业后，踏上了往外追求之旅，却经常沉浮俗世，忘了我是谁，时而得意忘形，时而怀忧丧志。但是毫无例外，每逢重大挫折，最后都是在内在找到平静后，才有可能突破困局、重新出发。所谓定、静、安、虑、得，我以自己的人生体验，印证古人之言真实不虚。

我这样说，你可千万别误会我一直内外兼修。其实不是这样的，通常都是一股脑地被外在的刺激和诱惑带着走，横冲直撞，弄得头破血流、无路可逃，才被迫自省、从自己身上找出路；又或者，外在处于顺境，转而追求精神境界，偶尔法喜充满、自我感觉良好，却无法实践，发现自己活成了"言行不一的伪君子"，才知道此路不通。

总而言之，多数时候不是铆足劲往外，就是一股脑往内，很少内外相通，更无法同步切换。就好像只会单脚跳，左脚跳累了换右脚，右脚跳累了换左脚，两只脚都跳不动了就只能趴着，却不会两只脚正常走路。所以一路走来挺费劲，走走停停、进展有限。

直到十余年前，我听到一句"发生就是功课，结果就是成绩单"，如醍醐灌顶，从此不再追求深奥道理、高妙境界，老老实实面对生活中的大小事件，并在每一次的结果中印证，内修觉察、外修行为，才算走上了内外兼修的道路。

走上这条路的心得是：人内在心念和感受的"发生"，其实比外在环境的"发生"更多、更复杂。

所谓"内因外缘"，外在的发生，都已经是因缘具足的"结果"了。佛家说"众生畏果，菩萨畏因"，因为修行人重视内在的因超过外在的果。但吊诡的是，没有外在的果，我们通常无法看到内在的因。所以才说"发生就是功课"：功课不需要到书籍中寻找，看看每天发生的事就知道了；修行有没有精进？看这次的结果是否和过去不同，就知道了。

至于你问的静心冥想，对我来说，那只是往内看的一种方法。我在这件事情上，曾经有感受、有收获，但着力不深，没太多心得值得分享。就我目前的体验，从生活和工作中起修，也就是阳明先生说的"事上炼心"，似乎比静心更实在一些。

以上，供你参考。

爸爸

第 23 封信 ｜ 当人生"卡住"……

默蓝的信

爸爸:

小时候,你常跟我说,灵感不是关在家中,拍拍脑袋就能想得到,而是通过经历和行动所激发的。我想也是。

2018 年,我即将迈入大四,对职业选择感到十分迷茫,对于世界也有无法表达的不满。在混沌和恐惧之中,我难以做出任何心安的决定。已经"卡住"了好一阵子,就地打转也不是办法,因此,我决定休学一年,离开原有的环境以及生活模式,四处游荡。我听说,要找到一个全新的方向,唯一的方式就是先迷路。

秋季,我拿着一笔奖学金以及实习积攒的存款来到欧洲,在阿尔卑斯山里参加了一个青年论坛。随后,在奥地利、意大利以及德国逛了一圈。

冬季,我来到江苏常州,在两家工厂的生产线上打工,一家纺织厂，一家电路板厂。刚上工时，我感到抑郁不已。人类是如此富有创造力和情感的生物，怎么能日复一日，犹如机械般地反复做同一个动作，每天将注意力局限在一些枯燥、没有生命的物件上呢？而且每过 10 天，还得日夜倒班？我顿时无法接受。

我亲眼见识到了工人们的韧性，为了让家人过上更好的生活而背井离乡，甘愿半辈子紧守在一个机械嗡嗡作响的水泥盒子里面，尝尽人间冷暖。

我更深刻地体会到，大脑实在是个可塑性惊人的器官。哪怕每天反复做一些枯燥的工作，心情终究有办法好起来。白天，偶尔累的时候和流水线上的姐姐们胡乱聊天，拿起装电路板的长方形架子互相捶背，用美颜大眼滤镜自拍。晚上在宿舍有阿姨示范广场舞，分送她从甘肃老家出发前自己做的麻花卷。

在电路板工厂里，宿舍的墙上充斥着黑色的涂鸦，有些说的是乡愁，有些则是一言自传，还有一句是向爱神的祈祷，他写道，他仅是个"一般般"的男人，只求有个人愿意和他相守，一个"一般般"的女子就好；也有更多涂鸦是各种脏话，一片疮痍，令人难受。

我在附近的超市买了一盒压克力颜料。有时，睡觉前，我趁着零碎的时光，用彩色的抽象风景画将不雅字眼遮盖住。室友晓春阿姨也找了一卷小碎花壁纸，将她床边的墙贴起来，贴不完的部分，她委托我画点东西。映衬那壁纸，我装点了几朵橘黄色的花（"前人"在这面墙上写的"祈祷文"，我则替他保存了下来，没有遮盖住。顺便在他的文字边上种满了鲜花，一并祭给爱神）。

有如此脏乱的墙，是一个恩典，意外地唤起了我的玩性，可以毫无后顾之忧地涂鸦。毕竟，平常干净洁白的墙壁，我哪敢乱画？这辈子，上次有人允许我在墙壁上涂鸦已是幼儿园时期的模糊回忆。原来我还会画画，还有创造力？我老早淡忘了这件事。

除了墙上多一抹色彩，人与人之间的情谊和生活小幽默让灰蒙蒙的寒冬和沉闷的厂房添上了些许趣味。然而，我知道自己经历的深度还远远不够，毕竟我在流水线上仅是短短两个半月的过客，未必能够真正体验到长期做工的心情与挑战。

离开工厂时，我很感慨，在工业化的发展过程之中，总有这么一两代人如此辛勤奉献，才成全了一个社会、一个民族的富饶。然而，我更默默地期盼工业生产有朝一日能够实现全面自动化，让人类可以腾出手来全力发挥潜能，做各自真正喜欢的事情。创造艺术，哪怕闲晃也好，再也不需要为了挣钱与家人分离，能够自如地游走在豁达的天地之间。

当然，推进自动化的同时，也需要建设配套的社会制度，例如无条件基本收入以及相应的税收，以确保人人都能够分享到经济增长的红利，而非成为科技发展之下的受害者。

春季，我想到，自己小时候很喜欢在院子里种东西。我未曾忘记过自己喜欢植物这件事情，却也没有认真地研究过。因此，我决定按照这条线索正式"开案"，在我们台湾拜访了许多令人敬佩的有机农民，向他们取经，了解食物系统之中的挑战（也刻骨铭心地体验到亚热带环境失衡时，蚊虫肆虐的厉害）。

几个月后，我回到美国旧金山复学，当时刚好掀起了一波无条件基本收入热潮。我参加了一些相关集会，周末也到农夫市集摆摊，和路人问答，传播无条件基本收入的相关信息。

又隔一年，大四毕业时，我进了一家人工智能公司做事，期盼参与自动化的过程。此外，由于我毕业于疫情之中，无意间成了远程工作者。在多重机缘之下，我搬迁至乡下，恰巧邻近有一个奇特的农林实验基地，我得以持续研习土地的法则。

由此可见，原本对于社会及就业选择极其不满，却又不知道想要什么的我，在休学的一年之间找到了三个出发点：田园生活、自动化以及一个确保人人都能享有经济增长红利的制度。当然我还有许多疑问未解，道路未明，但是我已推开了一扇门，外面是明亮、新奇的。就此上路，一边走，一边修正。

我很好奇，爸爸的灵感都来自何方？你读了万卷书，行了万里路，见过的人，其样本数也是我的好多倍。在这些年来的所见、所闻或是所处之中，对你影响最大，最具启发性的经历有哪些，从何而来？

默蓝

（第1封回信）

默蓝：

谢谢你写这封长信，详述近年来的经历和感受。这些事，我们都曾聊过，但读完信后，我才有比较深刻的了解。

我记得你大三的时候，跟我讨论准备休学一年。当时我是支持你的，但并不全明白你为何这么做。在我的想法里，你处身全世界最独领风骚的硅谷环境，念着大家都想挤进去的大学，学业成绩不错，社团活动很活跃，跟潇潇的感情也很好，有必要放下这一切，去经历什么不同吗？

你在信里说自己"卡住"了，而且已经卡住了"好一阵子"。

如今读了这封信，我觉得比较了解你的心情。

我自己人生也有不止一次卡住的感觉。其中一次，是 30 岁左右的时候。当时在台湾最大的报社做主笔兼专栏主任，事少钱多离家近，受老板赏识重用，还外加小有名声与地位，但是我决定离开。另一次，是五十几岁时，我创办的杂志出版集团，通过成长与并购，成为行业里的遥遥领先者。当时集团连年高增长，制度健全，人才济济，我基本上是躺在功劳簿上睡大觉，但我却在那时选择离开。

离开的原因，就如你所说的，觉得自己卡住了。这种事，跟别人说不清楚，只有自己心里明白。就是那种处身人人称羡的位置，表面上一切都在掌握中，日子过得很舒坦，却少了一些感受，觉得内在不再成长，也看不到未来在哪里。这种时候，会在内心问自己：难道我的人生就是这样吗？只能这样吗？这就是我卡住的感觉，不晓得跟你是否一样？

后来你跟我说了休学一年的计划，大约是要到农村做农夫、到工厂做工人等。我当时心想，你还真是我女儿，这么不按套路出牌。

记得我曾跟你分享过，我念大学时暑假打工，不是在建筑工地当工人，就是在工厂做工，专找那种特辛苦的"黑手"体力活干。后来大学毕业服兵役时，也主动放弃做军官，选择做二等兵。我那时候的想法，就是要好好体验处身基层社会的感受，提醒自己以后不要忘记。事实上，这些经历也确实可以让我终身受用。其一，是使我对所有基层工作者，一直保持着理解、尊重和感谢；其二，是对处身社会上层的位置，没有必须紧抓不放的恐惧，因为我曾在谷底体验过，知道那种日子我也能过，并不减损我生而为人的价值。

休学那年，你时常在电话里跟我诉说一些经历。我印象最深刻的，是你跑到江苏常州做女工的那一段。起先不得其门而入，我就帮你介绍了一家工厂打工。后来你说因为老爸的缘故，他们免不了给你特殊待遇，让你不能真正体验做女工的滋味，你坚持要靠自己，想办法换了一家工厂。做了没有多久，被工厂干部发现你就读美国名校，怀疑你动机不单纯，找理由把你辞退了。最后你混进临时招工的场所，进了另外一家工厂，才真正落实了做女工的体验。

类似这样的人生冒险，在那一年中发生了不少。从你来信中，知道你也在这些经历中得到启发，对自己人生未来的认知，更加清晰、具体。我要恭喜你，你比老爸更勇敢、更有毅力。有了这些经历做底气，在未来人生的道路上，如若遭遇风雨，必能无惧！

你所描绘的未来梦想生活，包括有几个志同道合的伙伴，共有自己的食物森林，一边享受田园生活，一边从事远程工作，生儿育女，做些自己有兴趣或有意义的事。我觉得这个梦想很美，若你真心想要，完全有可能实现。而且这个梦想，进可攻、退可守。依我对世界未来大趋势的看法，如果人类不集体犯糊涂，甚至有机会共同觉醒，这就是未来世界可行而且理应如此的生活方式。你若有机会实现梦想，就无形中成为生活方式新典范的先行者，有机会影响许多人起而效法。老爸祝愿你美梦成真！

最后，你曾跟我分享在常州工厂宿舍里，在一面墙上画了一棵树，树上挂了一颗金苹果。这件事很触动我。我记得在你小时候，我曾编过一个关于金苹果的故事，用来哄你入睡。你对这故事超级有兴趣，每晚都叫我再讲一次。故事的大纲很简单：一位很有爱心的小女孩，从河里救出了一位溺水的老人，老人就送她一颗金苹果。后来这颗金苹果的种子，在院子里长出了苹果树，结满了金苹果。小女孩很大方，把金苹果送给左邻右舍，后来发现金苹果居然可以治百病，大家就扶老携幼来讨苹果，但苹果摘下来就立刻又长了出来，怎么摘也摘不完。这件事后来被报道，变成了轰动的大新闻，大家津津乐道。这故事我当时是随口编的，没想到这么被你喜爱，更没想到二十年后，这颗金苹果，居然会出现在常州女工宿舍的墙上。

我觉得这件事很有隐喻的意味，跟你现在梦想中的人生图景似乎有一些相关：通过大自然孕育的种子，滋养自己和别人，传递爱与疗愈的信息！你觉得呢？

爸爸

（第 2 封回信）

默蓝：

上封信的结尾，你问我这辈子影响最大、最有启发的经历是什么。我想起，你从小就爱听爸爸讲自己的故事，尤其是小时候调皮捣蛋和冒险传奇的故事。好像我们之间有一种特殊的亲密感，是源于你知道爸爸干了很多"小坏事"，因此我们是"同一国"的。你妈那时老念叨我教坏了小孩，还好事实证明她多虑了。现在你 25 岁了，既然还愿意听，爸爸就再说说故事吧。

我仔细想了一下，其实对人生带来巨大改变的，都不是特殊事件，而是经历累积的潜移默化。所以这次爸爸说故事，可能就没那么多传奇冒险情节了。

还是按照时间顺序说。

我少年时期的故事，如果要下标题，应该是"一切自己来"！其中有正面和反面两个版本，但结果都还不错。

先说正面的吧。我从三岁开始与母亲同住后，母亲就训练我做家务，印象中像是扫地、洗碗、生煤球、倒屎盆等，都是我的例行工作。除此之外，陪母亲逛市场提菜篮、做饭时打下手、照顾弟妹等杂务，算是特勤任务。有几件事印象特别深刻，分别说一说。

其一，母亲改嫁继父时，我大约四岁多。当时民风淳朴，新娘如果带个孩子参加婚宴，似乎不合时宜，因此左邻右舍都去喝喜酒，整条巷子只有我一个小孩在家。记忆中，我炒了盘蛋炒饭，一个人吃得挺惬意。一个四岁多的小孩自己在家做饭吃，换到今天，简直不可思议。连我自己都难以置信，但记忆确实如此。可见我们如今的社会，是如何低估了小孩的潜力。

其二，儿时常陪母亲和隔壁的婶婆一起做杂事，通常都是边做边聊，主题通常是她们如何命苦，为别人做了多少事，对别人如何好，别人有多自私和不知感恩，对她们如何坏，以及东家长西家短，偶尔也会提起过去战争及逃难的陈年往事。那婶婆口才极好，很会讲故事，我就在两代"怨妇"的耳濡目染下，开始理解成人世界，也从其中知道，人们所说的故事，和真实世界有落差，因为她们数落的那些人、那些事，有些我也看在眼里，跟她们所说的不太一样。

这其中有一个小插曲。有一回家人正边做边聊时，突然一声巨响，一辆坦克撞跨了墙壁，炮管伸了进来，把家里捅出一个大洞。原来那时候我们隔墙就是军营，不知哪位心不在焉的新兵乱踩油门，还好教官在旁及时刹车，我们家才没被坦克夷平。可见当时的时代，有多么无常。

其三，有一年台湾刮大台风、淹大水，大家都跑到军营避难。台风过后，我见整个村子成了"大游泳池"，就把家里的洗澡铝盆当作小船，在混浊的黄水中嬉戏，因此被母亲着实修理了一顿。等大水退去，发现家里的铁皮屋顶都被台风刮走了，于是大伙一起去找回那些被刮走的铁皮（其实也搞不清楚是谁家的），然后一起扛上屋顶重新铺上。那时兵荒马乱，我趁机揣着一袋铁钉，拿着一个榔头，跟着大人爬上屋顶敲敲打打。那一刻，我兴奋极了（早就想爬上屋顶了），而且觉得自己好像成为家中的支柱，是一个真正的男人了！因此，那次惨烈的风灾，成为我童年一个狂欢的记忆，一个货真价实的成年礼！

多年后，我翻阅《论语》，读到孔老夫子说："吾少也贱，故多能鄙事。"这不是在说我吗？原来我跟孔老夫子少年背景雷同，让我深感自豪。做家务的训练，为我带来深远影响。其中印象最深的，是我中学后就没再进厨房，"厨艺"底子都是小学时建立的，但日后无论是大学露营、当兵打牙祭、美国同学聚会、直到去年招待客人……凡我偶尔下厨，大家都赞不绝口。10 岁以前学的，几十年没练，居然过了半个世纪都没生疏，没想到"童子功"居然这么神奇！

我在想，孔老夫子说的"多能鄙事"，用白话文说，其实就是多才多艺。而且这些"才艺"，一辈子都用得着，让人在生活中底气十足。反观如今流行的风气，父母忙着安排孩子上才艺班，许多孩子板着脸勉为其难，当压力解除、事过境迁，"当年的才艺"多数都束之高阁，一辈子再也不碰。这样的做法，到底意义何在？还不如带着孩子做家事实惠些！

后来我读了一个跨国调查的研究报告，结论是：跟成功与幸福最相关的指标，就是小时候是否参与"做家务"。这项研究的结果，出乎设计者意料之外，因为他们原以为父母的教育程度、经济水平，才是孩子前途的最关键指标。最后出炉的解释是：家庭是人生的第一个单位，"做家务"培养了参与感和责任感，孩子日后会自然融入各类团体中，而这正是成功与幸福最重要的因素。读了这个报告，我才了解母亲从小带着我做家务，决定了我的人生。原来，不认识字的母亲给了我人世间最好的教育！

接下来，我要说说"一切自己来"比较狂野的另一面。

小时候，继父靠一份军职薪水，要养四个孩子，家庭经济难免拮据。母亲的观念，则是孩子除了做家务和读书外，其余皆属不务正业。因此，我除了吃饭穿衣上学外，其他的一切需求，都得自力更生。

这当然也有好的一面。就是所有的玩具，都得自己做；所有的乐子，都得自己找；所有野孩子的生存技能，都得自己会。这些包括了自己做风筝、做灯笼、做玩具小拖车……也包括用长竹竿绑着小刀，伸到围篱里偷割别人家的水果；用家里偷出来的面粉，裹着田里抓的泥鳅，放在偷来的铁盆里油炸；拼凑制造各种"武器"，进行野孩子大战……也有"才艺学习"的部分，包括光着屁股在路旁大水沟里学会了游泳（怕内裤湿了回家挨打）；用骗来的成人自行车，斜跨式地学会了骑车；用借来的轮滑鞋，学会了溜冰……

除了自制以外，当然也有东西需要买。钱从哪里来呢？主要有两类"生财之道"，其一是盗卖，其二是偷拿家里的钱（当时还自以为是"盗亦有道"）。盗卖的部分，不分家里家外，凡是瓶瓶罐罐、破铜烂铁、各种废品（是否废品，自行裁定），只要能收集到的，全拿去变卖。

当然，如此生财之道，必然是要付代价的。其结果，就是偷偷摸摸、东窗事发、编造谎言、屈打成招、累犯不改，陷入恶性循环。直到 10 岁的时候，终于闯出大祸，才终结了我的少年不正当营生。

那时，我在家里东翻西翻，最后在衣橱深处翻出了继父西装口袋里的 25 美元（约相当于他好几个月的薪水，是他赴美受训省吃俭用存下来的）。我那时死性不改，鬼迷心窍，居然异想天开拿那 25 美元到银行换成了 1000 元台币（天知道那时的银行，怎么可能让 10 岁孩子换这么多钱，估计是政府想美金想疯了）。

我换到这笔大钱后，就像在赌场大赢的赌鬼，开始大肆挥霍。凡是过去跟妈妈开口没要到的，全部狂买狂扫，接着呼朋唤友四处狂欢，把小朋友们平常想做而父母不准的，全部玩了个遍。一周之内，就把换到的 1000 元台币挥霍殆尽。

可想而知，我如此招摇，必然东窗事发。一如既往，在"严刑拷打"下，如实招供。只不过这一次，事情闹得太大，惊动了许多长辈参与陪审，大家一致的结论是：我的供词可疑。因为 10 岁小孩不可能辨识美金，不可能兑换美金，更不可能一周之内把钱花完。于是继续拷打，我最后被迫编出了一套谎言，大约是：我见美金花花绿绿好看，就带在身上四处炫耀，后来遇见一个小混混，把美金给骗了去，只给了我一些零花钱用。这谎言比实情更合理，于是被陪审团一致接受，派出代表押着我四处追捕小混混，结果当然是不了了之。大家又一阵商议，最后决议，我不能再留在家里，必须送到远处避险，以免小混混继续来找我。从此我的命运出现了大转折。这是后话，暂且不提。

我这一段少年荒唐史，自然不太适合作为育儿教材，但是你若问我，对人生有什么影响？有什么启发？这倒是有的。

第一，我童年因为"一切自己来"，虽然冒过风险、犯过错误，但很早就独立自主，遇到挑战有能力回应，想要什么会自己想办法，既不依赖别人，也不怪罪别人，这一点在我成年后十分受用。

第二，我因为自己童年荒唐过，在自己有孩子后，能很放心让孩子自己长大，知道他们不会变坏，不会相信诸如"小时候不守规矩，长大了会作奸犯科"之类的说法。

第三，推而广之，我觉得自己是一个包容的人。某些人、在某种情境、犯下了某些错误，对我来说，都是很平常的事。这些事必须处理，必须弄好，但我不会心生怨怼、嫉恶如仇。

第四，在填鸭式教育的大环境下，我觉得自己是有创造力的。因为童年生活中的种种活动，皆无轨道可循，没有创造力根本不可能。这也解释了，我们这一代人都在填鸭式教育中长大，却仍然有创造力，而在强调创造力的现代教育中成长出的一代人却未必更有创造力。我觉得关键在于"生命力"。真正的创造力只能在生命力中呈现，而生命力是在风险和淬炼中茁壮的。这才是关键！

第五，基于如此成长的经验，我不相信金钱是教育中的最重要因素。事实上，我的上一代在教育上投资的财力很有限，而我这一代却生产力超高；相对的，我这一代在教育上投资超高，但下一代的生产力却似乎没有提升。如今大家都说养一个孩子要花多少多少钱，吓得年轻人不敢生小孩，我不相信这种悖论！从古至今，多少穷人家养出不世奇才，所谓"千金难买少年穷"，是有一定道理的。可惜我无缘送你这"千金难买"的礼物，还好你懂得自求多福，没让我耽误了你。

第六，相对我童年成长的环境，我觉得现在的孩子才真是苦。我童年时，可以呼朋唤友、漫山遍野地撒野；可以和其他小朋友一起，设计创作各种游戏和玩具；可以没有父母陪伴，自己四处游荡；可以和全家老小、左邻右舍，一起干活；可以直接看到、听到、接触到大人的世界，了解生存、生活和生命是怎么回事……这一切，多数是现在的孩子所没有的。如今的孩子，表面上拥有很多，但其中大多数，并不是他们真正需要的。相反的，孩子需要花很大的力气，去对抗并不真正需要但随时在引诱他们上瘾的事物。商业机制和社会攀比，取代了大自然和生存法则，在影响着孩子们的成长。这种怪现象，必须被重视、被导正。这任务就留给你们这一代觉醒青年吧！

以上是我关于童年的分享和感想，不知你看了有什么感受。故事还没讲完，爸爸会继续写信给你。

爸爸

（第3封回信）
————————

默蓝：

上封信故事没讲完，爸爸继续讲。

话说我当年在台北闯了大祸，被"发配"到新竹一整年，再度入住小时候寄养我的老太太家。那时候，老太太年事甚高，不大管事，由独子当家，我叫他叔叔；婶婶则是年轻活泼的本地人。我们老中少三代四人一起过日子。

那一年，是我人生意外的旅程，展开了截然不同的新生活。我也在那一年彻底"转性"了。

叔叔一家人都是虔诚的天主教徒，吃饭睡觉前都要一起祷告，周日一定去教堂望弥撒，往来的都是天主教友。我被安排进了圣经班，生平第一次阅读图文并茂的圣经读物，兴奋不已。

圣经班的修女会给小朋友出功课，我也认真背诵《天主经》《玫瑰经》，准备成为天主教徒（不过最终还是没受洗）。可想而知，家中日常谈话会频繁出现圣经道理，夹杂着不绝于耳的"阿门"声。那一年，我彻底生活在宗教氛围中。

居住的环境也很特别，有点像幽灵城堡。叔叔在地方法院做书记官，分配了一幢日式大宅院做宿舍，院子里有巨大的榕树及各种果树。据说以前有人在这屋里自杀，法官们都不敢搬来住，才被叔叔捡了便宜，因为他是天主教徒，不怕鬼。那幢日式大宅院，也的确有点阴森森的，尤其是晚上，常常狂风大作，吹得整个屋子嘎嘎作响、各种物件四处滚动，的确是挺吓人的！

但我那一年的"家庭生活"相当温暖。叔叔是北京人，讲一口温文尔雅的北京腔，特别讲究礼貌，十分平易近人。他会教我唱京戏、练功夫拳、讲北京典故给我听，还教我把艾草放在生姜上烧的中医疗法，偶尔也会带我一起出差，到乡下田间递送法院文书。我隐约知道多半是农夫们欠税，但叔叔态度温和，也会和农夫们聊天。我很喜欢这样的活动，因为一路上叔叔都会讲故事。

我也喜欢听叔叔讲道理，因为他的确是个大好人。似乎教友们有什么困扰，都会找他请教，他是教会里有影响力的人。

我印象最深刻的事，是他常捡流浪猫狗回家，通常都是那种跛脚、皮肤烂掉，甚至奄奄一息的。家中经常保有五只以上这样的流浪猫狗，叔叔每天花很多时间给它们清洗、上药，猫狗们可能因为常受欺负，都比较有野性，时常把叔叔的手抓得青一块紫一块，他也不以为意。在 1960 年代初，台湾还没什么动物保育之类的观念，叔叔就已经默默身体力行了。他是超越时代的先驱！

另一个有关叔叔的记忆，是他长年都在准备考试。他最大的志向，就是做推事（法官），一有时间就研读法律书籍，认真准备推事检定考试。因此，有时候我们会一起读书，他读他的，我读我的，我很享受那种时光。

另一个印象，是叔叔侍母至孝，晨昏定省从不怠慢，凡事以母亲为先，永远顺母亲之意。总而言之，叔叔是我在男性长辈中最亲近的人，也为我建立了男性家长的典范，对我影响至深！

至于姆姆，她是在阿里山上长大的本地人，估计那时才二十多岁，青春正盛。她会在院子里跟我丢球玩，带着我一起爬树，教我在院子里种作物，算是我很喜欢的玩伴。

婆婆则是个缠小脚的老太太，我有时会在她暗暗的小屋里陪她，看她把裹脚布一层层地脱下，一个个地仔细清洗扭曲变形的脚趾，然后擦很多油膏和爽身粉在脚上，风干后再一层层地裹上布，整个过程要进行很久，像是某种仪式。她留着一头长发，洗头、梳头、缠头的仪式，也相当类似。她通常不太说话，表情有点阴沉，而且，据说在家里不能提到叔叔的父亲，这似乎是一种禁忌，感觉似乎有某些哀怨的往事压在大家心头。

在这样"三代同堂"的家庭氛围中，虽然没有血缘关系，却有一个完整的家的感觉。那一年，我在不知不觉中"脱胎换骨"，莫名其妙地成为名列前茅的好学生，得了全校作文比赛第一名，做了学校纠察队队长，成为"风云人物"。那一年结束后，我回台北就读，仍然在班上考第一，接着考上台湾最好的初中，从此晋身优秀学生之列。

除此之外，我在品行上，也跨了一个台阶。我戒掉了恶习，说谎的习惯也大有改善。印象最深的是，我过去因为心理不平衡，会趁父母不在时，偷偷欺负同母异父的弟妹们。但重返家中后，就再没做过这样的不当行为。我清楚记得一个念头从心中升起：如果别人这样对我，我会不舒服，那我也不应该这样对待别人。那一刻，叫作良心发现，从此懂得设身处地为别人着想。

总之，现在回想起来，遇见叔叔这一家人，的确改变了我的命运。否则你老爸，其实也"很有潜力成为某黑帮的老大"。

改变的关键，当然是叔叔的言传身教；而我之所以乐于接受，是因为他的确活出了一个好样子！

这改变命运的一年，起因纯属阴错阳差。我在闯了大祸、撒了大谎之后，居然发生这种好事，实在难以解释。但关键因素，现在回想起来，其实是没读过书的母亲无意中效法了"孟母三迁"的故事，真是有智慧啊！除此之外，只能说是老天眷顾了！

爸爸

（第 4 封回信）

默蓝：

继续讲故事，说说我大学时期的关键事件。

大学四年，是我人生的黄金年代。那时我求知欲爆棚，博览群书，思想上有了一个大跃进。同时认真交朋友，认真谈恋爱，参与各种社团活动，广泛关切各种政治社会议题，精神与生活层面都多彩多姿，自是不在话下。但这些都是大学生常有的体验，真正对我造成重大影响的，是下面这件事。

我大三时，一位同寝室的好友跟我诉苦，说他被校方莫名其妙推举，成了校刊社社长，但他没经验，编不出校刊，因此万分焦虑。他请我帮忙，我就跟他提条件，说必须全部听我的，他答应了，我就成了校刊社的"地下社长"。

我"就任"后，誓言要把校刊社打造成学习型组织。原因是，我们学生费了这么大功夫，考进排名前列的大学，却发现学校无法满足我们的学习需要，所以我们要自救，通过相互学习，一起成长。学习的方式就是：做中学！

定了宗旨后，就决定校刊社不只是编杂志，还要大量办活动。办活动的目的，也不只是办活动，而是通过办活动发掘校内不同领域的顶尖人才，邀请他们加入校刊平台，一起共同学习。

具体的做法，可以举例说明。比如说，校刊要做问卷调查，我们不是交给社内最懂的成员做，而是四处打听校内学生中谁最懂问卷调查。我们要找到这些人，说服他们为我们做这件事，而且要让每一个参与的人都学会。我们同时在校内广征愿意学的人，邀请他们一起来做这件事。活动过程中会开班授课、头脑风暴、论证、集体决议、按意愿分工，让所有人一起参与思考、决策和执行。这个过程通常都会搞得如火如荼，没完没了。

我们做每一件事，都不是为了把事情完成，而是让每个人有最大的参与和收获。因此，每一次活动，都吸收了大量的新鲜血液。校刊社通过一次次的活动，不断壮大，最后几乎建立了全校人才的数据库和联络网。吸收人才越多，大家投入越深，互动越频繁，社团的魅力就越大。

如果你了解我所说的，就一定会知道，这个社团是没有边界的，必然会发展成位居所有社团之上的超级社团。其结果，也确实如此。校刊社后来成为学校影响最大的社团，人才辈出，甚至改变了校园风气，领风骚数年不息。而且社团出来的人才，认同感高，感情很深，进入社会后仍相互支持，在各领域也产生了一定的影响。

这件事对我个人的影响，则是我大学毕业后，没有自己找过工作，所有工作机会，都是这个社团的前期毕业生引荐的。但这不是重点，重点是我学到了如何领导一个机构，如何找出大家的共同需要，如何激励大家的热情，如何把热情导入工作框架，让它生生不息、魅力无限。有这样的体验，我身上自然留下了强烈的烙印，日后创业所需要的自信和承担，都来自于此。

人的一生，总有些特殊的机缘，让你有机会完成一些与众不同的事迹。对我来说，这一次就是。

接下来，我想分享一下当兵两年的体验。

我曾跟你说过，我放弃军官资格选择当二等兵时，已准备好要体验"被人踩在头上的感觉"，吃苦是预料中。即使如此，仍有意外的收获。

我当兵两年中，有一年半驻守在马祖列岛上。当时那小岛上没水、没电，所有现代设备和用品基本上都不存在。我驻扎的碉堡在山顶，整日狂风呼啸、墙壁渗水、寝具发霉，但这些都在意料中，不足为怪。

让我惊讶的，是发现人的体能居然无上限。其中印象比较深的，是定期参与的"抢滩卸货"勤务。当时部队一切物资都靠补给舰运送，因为小岛没有港口，必须于两个潮汐之间，在沙滩卸货完毕。卸货勤务通常在黄昏后开始，舰上的补给品，包括稻米、面粉、黄豆、水泥等，平均每袋 50 公斤。士兵们列队进入舰舱，把货物扛上肩，走过沙滩，装上卡车。这工作类似码头搬运，但全靠人力，又在沙滩上进行，因此格外吃力。通常搬运一小时后就两腿发软、脑袋发晕，进入随时准备昏倒的状态。因此军官们必须在旁大声叫喊、催促，才能让工作继续进行。就这样，我们居然可以持续搬运，一直进行到第二天上午，才列队走回山顶碉堡。记得有一回，我们扛的主要是水泥，整晚大雨滂沱，全身湿透，回到碉堡后直接倒下昏睡，醒来时发现动弹不得，原来是因为穿着湿军装入睡，军服里渗入的水泥被体温烘干了，僵硬到无法动弹。

这经历对我的启发是：原来人的身体是可以这样使用的！我发现，在日常情境中，觉得自己的体能到此为止，觉得自己的精神状态只能这样，其实都是自我设限。原来人能做到的，比自己想象的或过去经验的，要多到无法计算。但人要靠自己发挥全部潜能似乎很难，往往要遇到特殊情境，尤其是"不合理"的情境，才能发挥生命能量的巅峰。

我军旅生活的另一个发现，是自己对不合理现象的接受，居然可以无上限。体能要求上的不合理，是军队磨炼的必须，自毋庸论，但对"价值观"上的不合理，我居然也可以照单全收，却是始料未及的。

你也知道，我过去年轻气盛，凡事讲道理，很有个性。上大学时，有一次跟老师当众翻脸，拂袖而去，从此不进那老师的课堂，结果无法参加考试，重修大一"国文"课。在重修教室，发现全班同学都讲广东话，因为"国文"重修的台湾本地学生，全校只有我一个。

就我这脾性，在新兵训练中就吃尽苦头。当时我因为执意认真当兵，自是全力以赴，每个动作都做到位，但班长却一直对我"照顾"有加，时不时进行特别操练。结训时我忍不住问他，到底什么地方得罪他了，他的回答是：就是受不了我桀骜不驯的眼神、一脸鄙夷的表情！

这当然只是开始，其后在军队里碰到的不合理事件、看到的不合理现象，真是罄竹难书。过去的我，不仅不接受对我的不合理，也不容忍眼皮子底下对别人的不合理，必然要"有所作为"。但在军队里，这是行不通的，是不会有结果的。两年的军旅生涯，让我了解到，在某些情境下，人除了接受，没有别的选择。所谓的"是非善恶"，是因人因事因地而异的。大自然的定律，不是是非，而是因果。

人的体能和精神承受力，都有可能无上限。就是我当兵两年最重要的体会。这到底是好还是不好？我也不知道。我只知道，当兵后的我和当兵前的我，似乎成了不一样的人。

我不知道这样的分享，对你的意义是什么？我只是想，说不定你有一天会碰到什么遭遇，突然想起爸爸的这一段分享，说不定也"心有戚戚焉"呢。

爸爸

（第 5 封回信）
————————

默蓝：

接下来，想跟你说说我 20 世纪 80 年代初赴美国工作及留学期间的感触。

先说背景。

我成长于流行"崇美"的台湾社会，尤其是我所属的战后婴儿潮世代，那时本地没有任何青少年流行事物，因此我从上初中开始，就醉心于美国音乐、影视、书籍、时尚……任何跟美国沾上边的，都照单全收。对那时的我来说，美国就是天堂，美国人就是圣诞老人，甚至一度产生了幻觉，好像通过不断吸收美国事物，自己不知不觉中已经参与了"美国梦"。青少年的我，对中国传统及文化毫无兴趣，基本上已经被熏染成了假洋鬼子。

上大学后，我广泛阅读了东西方有关宗教、历史、哲学及政治相关书籍，对中国文化逐渐有了一些理解和感悟，但对西方近代的思潮和生活方式，仍是向往的。我那时思维框架中的所谓现代化，其实就是西化，中华文化则被放入了怀旧乡愁的范畴。

这样的我，毕业后进入媒体，负责政治报道及评论，自然致力于改造台湾的政治和社会，但后来我感觉时不我与，遂萌生了赴美的念头。

我向当时任职的报社请缨，参与在美国创办中文报纸的工作。一到美国，就寻访十余州，拜访各地最知名的华人学者及作家。那段长达月余的寻访，我常深入受访者工作及家庭场合，因此有机会了解华人在美国的处境和生活状态。我看见那些在台湾呼风唤雨的华人精英，其实处身于美国中产阶级的边缘，社交和生活领域充斥着各种格格不入，而且他们的人生好像多数碰到了天花板，没什么想象空间。印象最深的，是他们的子女通常都彻底西化，与父母活在不同的世界，连要求孩子跟访客认真打个招呼都很困难，显得十分尴尬。

后来，我落脚纽约，住了四年半，那期间，常和朋友们一起去看戏，然后大伙议论一番，有时候因为观点不同，竟然会吵到面红耳赤、不欢而散。我当时心想，这些朋友都是高级知识分子，年纪也老大不小，为何言行举止如此执着，甚至显得有些幼稚？因此猜想：是不是因为他们困居于都市一隅，凭借专业谋生，但在社会上毫无影响力，所以才会变成这样？这类观察，再加上个人的种种际遇，让我从"美国梦"中彻底醒过来。我很清楚地了解到，不管美国社会有多好，我不可能在其中自在生活、产生连接并感觉有意义，在小说电影中我所仰慕的那些美国人物，在现实生活中，跟我八竿子打不着，更不可能真心交流或深度交往。

至于美国社会真的有那么好吗？ 20 世纪 80 年代初，美国仍处于黄金年代，当然有它一定的优点，但一些我过去看不到的弱点，随着居美时间的加长，变得越来越让我无法忽视。撇开如今大家常提到的种族歧视、贫富差距、治安不良、民粹流行、霸权主义等不谈，我看到美国所体现的西方价值，其实并未探清根本，据此设计的游戏规则也并不能解决根本问题，因此它所塑造的社会，即使是主流精英人士，也无法真正安身立命。我看到典型的美国家庭生活，表面上光鲜亮丽、令人称羡，幕后却是商业机制极度的操控、财务杠杆极致的诱导，让几乎所有阶层的各色人等，都生活在压力之中；我看到美国表面讲究自由、民主、人权的政治生活，幕后却是无所不在的财团和利益的运作……

总而言之，我不仅自己从"美国梦"中醒来，还觉得全世界都该从"美国梦"中醒来，我愿做一只唤醒梦中人的公鸡。从美国回来后的数十年间，我在各类文章和演讲中，一直都对西方世界保持觉醒和批判，也认真从中华文化中寻找未来世界的出路。这种态度，在如今也许不稀罕，但在近四十年前的台湾，算是少见的。这就是我美国行最大的收获。老爸相信我的美国经验和观察，相较于你的，一定有很大的不同。我也很想听听你的分享！

爸爸

第 24 封信 | 时间的用意

默蓝的信

爸爸：

哈佛大学教授大卫·辛克莱认为，当今医学上有诸多被定义为"疾病"的现象，例如心血管疾病、癌症或是阿尔茨海默病，其实都只是表象的病征罢了。据他所言，世界上多数的病都源于老化，而老化本身便是世上最普遍的疾病。他推测，在一个世纪之内，经济高度发展的社会之中，人均寿命可以超越100岁。他甚至认为，长生不老、不死或是逆龄等医疗技术可能在不久的将来问世。他说，宇宙中没有任何基础定理规定死亡是生物必经的现象。他呼吁人们，只要尽己所能地实践已知的抗老方法，比如定期断食、避免食肉、运动、洗冷水澡，并且保持心情放松，每多活一年就是向"永生"走近一步。

听闻辛克莱教授的研究，我颇有兴趣。从小到大，我对死亡既畏惧又着迷。小时候，首次得知众生都必然死去时，我感到无比害怕，甚至晚上不敢睡觉，就怕合上了眼，失去对意识的控制，也许将再也醒不过来。晚上，你总是需要讲一堆床边故事，我才肯入睡。

在这些故事中，你时常提起，一棵金苹果树，生长在远方的神秘国度，其果实能治愈百病，使人长生不老。而故事的套路不外乎就是：我们父女两人误闯了这个国度，经过一番历险，为正义立下功劳。随后，国王赏赐给我们神树的果实，带回家乡，与众人分享。回想起来，你大概就是为了打消我对于死亡的不安，才编了诸多关于这棵树的故事吧？阿嬷为了安抚我，也跟我说魔术师保罗叔叔有长生不老的魔法。于是我便立志，长大后要成为魔法师的学徒，让自己和家人、朋友可以不必死去。

上了小学，我发现事情并非那么简单，又掉回了存在焦虑的旋涡。我四处找寻摆脱恐惧的答案，买了一本探讨死亡的儿童百科全书〔《末日百科全书：关于神秘的死亡、幻想、民间传说等》（*Encyclopedia of the End: Mysterious Death in Fact, Fancy, Folklore, and More*）〕来研究。书的封底，第一句话即是引述了永远长不大的男孩彼得·潘说的话："死亡是一场华丽异常的冒险。"听彼得这么一说，我心中好受了一些，将自己对于死亡的恐惧转化为好奇心。

然而，这一两年间，生命中的某些经历再度唤起了我对死亡与宇宙真相的莫名焦虑。迈入 25 岁，我更观察到，在我的主观感觉中，时间流逝的速度好像随着年龄不断在加速。儿时，我每天上学，放学，跟阿嬷到院子里拔草，度日如年；如今，却觉得光阴似箭，快得可怕。况且，我还有好多事情想做，要在一百年之内完成，实在是太紧迫了。

因此，我决定采纳辛克莱教授的建议，尽己所能活久一点。希望在死亡来临之前，可以更加了解这一切到底是怎么一回事。要是真能够长生不老，也方便我先研究好了再决定要不要死去，什么时候死去，至少也让时间可以宽裕一点，优哉游哉地做我想做的事情。

当然，这位科学家说的话确实有点惊人，也可能尚未有公认的结论。不过，这议题倒是挺有趣的。要是可以长生不老的话，你会对人生的抉择做出哪些调整呢？要是有机会永生，或是至少有永生的选择权，你愿意尝试吗？

默蓝

默蓝：

你提到自小畏惧死亡，自己到处找答案。我感觉很汗颜，这表示爸爸对你的陪伴不够、了解不深。还好你说出来了，让我有机会跟你分享。

我倒是记得，你幼年时超乖巧，只有睡觉不太"乖"，睡觉时间到了，却常哭闹，必须背你在院子里走来走去，唱儿歌哄你，才会渐渐睡去。我此刻才知道，当年父女间的"美好时光"，是因为你恐惧死亡。唉，我这爸做的……

你也提到光阴似箭的紧迫感，这个我很有印象。记忆中你上初中后，不知怎的，就变身高效能青少年，每天都自己安排日程表，每段时间该做什么，全部按部就班。那时候，感觉你在家里总是忙着，找你讲几句话都没时间。这种"事情永远做不完"的状态，好像一直延续到今天都没变。

身为父亲，看到你这种状态，一则以喜，一则以忧。喜的是，女儿超级自律，自己知道该做什么，定了目标一定全力以赴，完全不用操心；忧的是，你会不会把自己逼得太紧，弄到无法自在享受人生？无法轻松与人相处？

如今我知道，你对时间的紧迫感和对死亡的恐惧，这两件事，应该是高度相关的。这里面应该有功课要做。

你好奇我对长寿和永生的看法是什么？我就来分享一下。

先说经历。我人生的第一个死亡事件，应该是我还在母亲肚子里的时候，父亲身亡。估计那时候我是个五个月左右的胎儿。这件事对我产生了什么影响，其实是一个谜。

幼年时，隔壁有老人去世，我看着他躺在棺材里，然后棺材被钉上钉子。当时周围的人都在哭，我却浑然无觉，只感到有点尴尬。死亡发生在眼前，却像陌生的遥远事件。这种状态，延续到我人生中其他诸多死亡事件。到我现在这年龄，每过一段时间都有熟人过世，死亡的气息似乎越来越近，但我仍然无感。

我人生中最重要的死亡事件，是二十余年前母亲的过世。她临终前，我遵从一位佛教师父的教导，在病床前日夜默祷诵念。师父叮嘱，人往生时，亲人不可以哭，免得逝者心生挂碍。我做到了，问题是：一点也不难！我并不是强忍悲痛，而是没有悲伤的感觉，只有祝福和怀念。

母亲这辈子可以说是为我而生，也是我这辈子最感恩之人，为什么她过世，我没有悲伤呢？我这样正常吗？还是说在胎儿时，因为母亲对父亲身亡太过悲伤，我为了自保，把为亲人死亡悲痛的开关给关上了？这个问题，我至今仍无答案。

接下来的问题，当然就是，我对自己必将来临的死亡，是什么态度呢？这件事需要交代，因为它是你未来一定要面对的，我希望你有心理准备。

先说一下那位哈佛教授说人能永生的观点。你送的书，我看了，有些科学观点，似懂非懂，我不想评论。但我清楚的是，我对永生这件事，兴趣不大。你在高中时，也曾经推荐我看《人类简史》，我很喜欢。作者后来又写了《未来简史》，说未来人有机会活成"半神"，通过技术改造器官，可以活两百多年。我相信他的预言可能成真，自己却没太大兴趣。

我对永生或超级长寿没兴趣，有几个原因：

首先，我相信人生有其因缘，生而为人各有其想体验的、想成就的，如果经历得差不多了，酒店打烊就走人，算是不错的结局；如果未如所愿，已经不可能再经历或完成了，也不必歹戏拖棚，提前离场未尝不好。事实上，我感觉多数人去世（除了大自然的无常外），都是因为他们内在深层意识中，已经了无生趣，死亡其实是应召唤而来临的。

其次，以我个人观点，我觉得人活多久，不仅是 How 的问题，更重要的是 Why 的问题？现代医学延长寿命的做法，尤其是插管卧床式的延寿，基本上是迎合社会心理的商业行为，对当事人来说，其实是一种不必要的惩罚。人活多久，要先问为什么要活着？这才是重点。

以你老爸为例，如果我觉得自己该经历的事已经差不多了，也没啥别人需要我做的事了，即使医学进步能让我可以不痛苦地活下去，我也觉得没多大意义。我希望今天把话说得够清楚，以免有一天万一我不能表达，你们姐妹错误解读我的心意，把我人生最后的旅程弄到"歹戏拖棚"的地步。

千万不要觉得我这样的态度很消极。我其实是很积极的，因为我很欣赏生命的自然韵律，从出生，到成长，到成熟，到焕发，到自然凋谢，一切恰到好处，没有什么需要人为修正之处。就犹如自然界，开花结果，生生不息，美不胜收，并不需要创造一朵永不凋谢的花。

除此之外，我还相信灵魂不灭，认为人在本质上是不会死的，只会转换存在的形式。就像佛家说生老病死，把死和生放在同一个层次上，就是表明生和死都只是过程。你引述小飞侠彼得·潘的话：死亡是一场华丽的冒险！这是我喜欢的说法，人生不冒险，有什么好玩？

我对死亡有一个比喻：人生就像一所学校，我们都是学生，每一个无常都是考试，而死亡就是毕业考试。想克服对死亡的恐惧，就做个好学生，面对每一个无常，都把结果弄好一些，这样就不怕毕业考试了。你老爸我，目前人生只有一件事，就是为毕业考试做准备。请千万不要取消我参加考试的资格！

我对这毕业考试的及格标准，是能否含笑而去，请你届时务必帮我见证一下，老爸毕业成绩到底如何。

至于老，目前我正在经历，好像也没有想象中那么糟糕。虽然有各种生理、心理及社交的信息，不断提醒我不再像从前，但好消息是，人是慢慢变老的，所以有充分的适应期，似乎可以接受。而且我还发现，老也有好处，就是别人对你的期待会降低，你对自己的要求也会放松，人生越来越没条条框框，甚至可以比从前活得更自在。

你还记得我们以前养的那只狼狗 Michael 吗？我们在后院为它搭了一间狗屋，围了一个栅栏，作为它的活动空间，它也老老实实在里面待了许多年。结果它到老年时，跛了一条腿，居然时常跳出栅栏，四处游荡。我起初百思不解，它年轻时身强体壮，尚且没跳出过栅栏，怎么年老体衰后，居然如此老当益壮？后来我终于想明白了，猜想它是这么跟自己说的："老子都这把年纪了，还管那么多，老子豁出去了！" Michael 是我的前辈，它活出了典范，我必须向它学习！

生、老、病、死这四件事，只有病，虽然也算是特殊的人生体验，我觉得还是能免就免吧。所以我接受你的用心良苦，会尽量遵从你推荐的哈佛教授的指示，想办法让自己健康些，免得给自己和亲人找麻烦。

爸爸

默蓝：

上一封信里，我把生老病死谈完了。但我还想再谈谈你的"光阴似箭综合征"。

首先，我很理解时间不够、事做不完的感觉，因为我人生上半场的多数时光也是如此。譬如说，你也知道，我一向习惯晚睡，其实背后就是一种对时间的恐慌和贪念，总觉得一天就这么过了，不甘心，还想再榨出些残渣来。你说感觉时间在加速，我猜是你想做的事太多，以你现在这个年龄，这很正常。但我也是过来人，知道这种感受并不舒服。

有关时间管理的方法，相信你早已知晓，不需要我多说。我现在想分享的，是我如何随着人生阶段及意识的转换，逐渐走出时间紧迫感的心路历程。

我如今，虽然寿命余年显然比过去少很多，但反而觉得时间大把地多出来。我已经十余年基本没用日程表了，回想过去日程表被秘书塞得满满的日子，颇有恍如隔世之感，感觉终于跟时间和解了，它不再是竞争者，变成了贴心自在的好朋友。这当然与我现在半退休的人生阶段有关，但也不完全是这样。过去的我，觉得少做一件事就亏了；现在的我，觉得有一丝体验就赚了。

因为我已经把人生的损益表，从累积完成的事，改为累积有意义的体验。我领悟到，事情是永远做不完的，做完了也都会过去的，最后能留下来的，只有经历过后的体验。我也见过很多成功的人，一辈子都忙着做事，成就了很大的事业，最后走的时候却充满焦虑，一点都不满足。

因此我改变了对时间的看法。时间不是用来完成事的，也不是用来凑热闹的，而是用来经历、体验的。凡是没有真正体验的时间，其实都是虚度，而在充满压力的状态下，人是不可能有体验的。有了这种领悟后，我计算时间的单位，不再是"够不够"，而是"在不在"。凡是未能专注于当下的时间，全部都是错过，等于没有发生；而完全专注于当下的时刻，过去与未来都消失，时间是静止的，此时此刻是永恒的。

我还体验到，当能够专注于当下、产生深刻体验时，生命会产生"位移"。一旦生命位移了，过去的记忆会有所不同，未来的想象也会不一样。所谓一念之转，过去、现在、未来，全部跟着转动。

这是真的，我有体验为证。所以时间的"质"比"量"重要。我对时间的态度，现在是重质不重量。

从这样的体悟看时间，它是无限的，并不会流逝，也无所谓快慢，只不过，你"在"时拥有它，你"不在"时失去它。如此而已。关于时间，我现在的功课只有两个字：自在！

我跟你讲这些，并不是说你做的事太多，而是提醒你，做事的状态，比做多少事更重要。因为爸爸在意的，不是你有多成功，而是你有多幸福！

爸爸

第25封信 | 把事"做进去"

默蓝的信

爸爸:

有一回,我来到邻近罗马城的一个村落,寄居在当地一户人家里,为期一周左右。这户人家以生产橄榄油为主业。此外,他们日常所需的生鲜食物,比如蔬果和鸡蛋,基本上都是自己生产的。他们还有一片小葡萄园,酒也自己酿,且没有品质管理,因此,熟成的酒,没有一年风味与前相同,总是充满了惊喜。

来到村上的这天,我按照模糊的指示找到了正确的地址。敲敲门,一开,见到农夫庞皮里奥、其老母亲罗莎奶奶以及在家中帮忙的威尔士青年汤玛士。三人正在吃午饭,给我在桌边腾出了一个位子,也盛了一盘意大利面给我。

吃了午饭,汤玛士解释,我才刚到家里,当天先不用干活儿,闲晃闲晃着罢了。不过,身为一个"有家教"的年轻人,我怎能容许自己在别人家中游手好闲呢? 将行囊安顿好了,我到楼下厨房里，见到罗莎奶奶坐在桌边，将一大篮子的四季豆去头去尾。我示意希望帮忙，她便给了我一把小刀子。

接过刀子，我立刻开始工作。我频频抓起一把又一把的四季豆，对齐，切边，再切边，然后丢到锅子里，脑海里不断思考如何更有效率地将任务完成，同时要求自己动作再加快一点、利落一点。我越做越急切，动作变得忙乱起来。

突然间，罗莎奶奶停了下来，用一种讶异的眼神看着我。她一言不发，但我清楚地明白了她的意思："你还好吗？""你是不是病了？"我也停了下来，赫然发现，在我仓促急躁地切四季豆，赶着把事情做完的同时，罗莎奶奶始终在一旁自得其乐、优哉游哉地做一模一样的工作。

快一点将豆子切完，又能如何呢？

从小到大，我的长辈和社会总是要求我做个"眼明手快""高效率"的孩子。在家里，要是擦地板动作慢了一点，就会被修理。在外游玩，大人说要起身去下一个地方时，我就必须立刻将大半杯还没喝完的饮料一口气咽到肚子里（任务迅速达成后，便获得大人的夸奖）。和妈妈去逛菜市场时，也习惯看到摆摊的人们永远动作快速利落，争抢着每一秒的时间。有一回，我在台湾的一户农家做事，身为割草新手，即使已全力赶工，却还是被眼明手快的农夫数落了一顿，叫我动作快一点。

在我的世界中，充满了一堆一堆的事情。身为一个称职的人，我的任务是将这些事情——无论功课、工作还是烦琐的杂务——快快做完，好再去做更多事情。寄居罗莎奶奶的屋檐下，我当然也要称职，向她展示我是怎样一个勤劳的年轻人。没想到，她对这一点无法理解，甚至还可能对我急躁的表现感到不适，觉得被打搅了宁静。

我开始思索，我是否永远活在下一步的未来之中，永远迫不及待地想要脱离当下，去到下一个地方，一个永远到不了的下一个地方。因为，当我到了下一个地方时，早已忘记自己曾经期盼来到此时此刻，心智又已经到了未来的别处去了。

至于罗莎奶奶，她为何能如此不疾不徐呢？因为她已经到了她要去的地方。她要去的地方就是这里。不是过去，不是未来，就是她坐在厨房里，将四季豆去头去尾的此时此刻。她想去的地方不是回到曾经的青春年华，也不是往诣极乐世界，而是她清晨开着小车到田地的路上（听说，她是拉齐奥地区史上第一位拿到驾照的女人），是她擦拭着瓷砖炉台上的每一点油垢和霉菌之时，是她呼喊自己满头灰发的老儿子"小庞皮儿"每个皱巴巴的音节之间。

她已经到了。她永远都到了。

说到这里，我仍然认为动作利落、努力干活确实是一种美德，有助于生存，有助于创造物质的丰盛。不过，在这种心境之下，好像很容易一不小心就忘了自己在哪儿。要是一个人创造了那么多的物质、成就或是安全，却未曾真正经历、感受过他走过的任何一个片刻，未免也太冤枉了吧？

生活在现代化都市的节奏之中，人的脚步难免需要快一点。但是，人有没有办法两者兼顾、"忙而不慌"地品尝每个片刻呢？

默蓝

（回信）

默蓝：

你的故事像诗篇，读来甚为感动。那位在意大利农家厨房剥四季豆的老太太，不仅触动了你，也为我留下栩栩如生的画面。一个全然活着的人，就是这样影响周围的人。甚至不需语言，一个眼神就足够。这就是生命的奇迹。

你可能不记得，你也曾这样影响过我。你一岁多时，每当我们父女单独相处，你都能瞬间带我进入"伊甸园"。一个眼神，一个笑容，一个拥抱，就知道彼此爱着对方，什么都不必说就已心灵相通。

我想当时的你，应该是活在"伊甸园"里，可以随时把所爱的人带入自在喜乐的状态中。正如你信中所说的，那就是"活在当下"！你还记得自己曾经如此活在当下过吗？

就我的观察，孩子在两岁前都活在当下。用你的话说，没有要去哪里，要去的地方就在此时此刻。而在成长的过程中，学习分析判断、适应环境、遵守规矩、设定目标，这些当然都是必要的，代价却是日渐用头脑多于感官和直觉，用过去和未来取代了当下。活在当下的状态，因而变得越来越稀有，甚至全然被遗忘。你能看懂意大利老太太的生命状态，欣赏她生命的优雅，表示你还记得活在当下的自在。恭喜你！

一个真实活过的人，在老年时期，会自然回归活在当下的状态。想要追求、体验和证明的，都已经历过；曾经历的，都已放下，已然心无罣碍；未来已无追求，一切随缘，乃能处在当下。这种生命状态，是用做到换来的，值得被欣赏！

至于年轻人，如果向往活在当下的状态，就得刻意修炼了。通过觉察呼吸和身体感官，通过不断清理情绪和思维，通过不断修正言行举止，也可以让生命流畅轻盈，有能力在需要时处在当下。

这其中一个重要的理解，是关于目标和旅程。我们需要目标，让自己有方向和动力，让生命聚焦，并检查目前的状态。但若为目标而忽略旅程，难免在过程中充满焦虑，甚至完全错过生命的美好风景。最重要的，是无法在追求过程中，让自己的生命内在产生变化，甚至位移。这样做，最后人生必将落空，但如要避免，如你所理解的，并不容易。

其实厨房里的老太太也有目标（把四季豆切好，为家人做美味晚餐），但她同时享受着"旅程"。这种状态，我们如今称之为"心流"，就是"在做之人"和"所做之事"合而为一，臻至忘我。

我喜欢把这种状态称之为"做进去"：全神贯注，带着感受做事，观照做事时内在心绪起伏，做到被自己感动，处于大欢喜状态。我记忆中"做进去"的场景，比较频繁发生于做教育义工的那段时光。事后回想，因为是做义工，没有个人目标，也没有与别人比较，乃能心无旁骛，一做就进去。也许这就是做进去的秘密。

相信这些道理你都懂，老爸也没意大利老太太那种境界。分享一点自己的感触，算是狗尾续貂吧！

爸爸

第 26 封信｜人比钱 "大"

质灵的信

亲爱的爸爸：

跟您谈金钱这个主题，真的需要很大的勇气。相信你也记得我们曾经多次探讨过这个主题，过程中十次有九次都伴随着我的低落与泪流满面，显然金钱真是我目前人生中最容易触动神经的敏感话题。相信爸爸看我这样也常常感到不知所措，但我很感谢爸爸在我情绪起落时，还是依然愿意陪我一次次进入丛林，用真诚和勇气划开黑暗中隐藏的未知，看看究竟有多少恐惧与不愿面对躲藏在其中，为我补上来自您的重要金钱观。

虽然小时候面对您与妈妈的离异，看着父与母在离异下依然要合作抚养我成长的历程里，有不少关于金钱主题的拉扯，但是那时对我有影响的不是关于钱，更多是对关系。记得高中以前，吃住行都有您与母亲的庇护，当时跟母亲住在乡间的环境中，也没有太多的物质有机会吸引我的注意力，我对金钱没有太多感觉和自己的想法。

第一次感受到金钱的魔力，是去美国读私立寄宿高中的时候。那年生平初尝在外独立生活，也是第一次受到如此震撼的物质冲击，而在看着眼前这片花花世界的同时，我手上正好也握着我生平第一张信用卡。那张卡是上飞机前爸爸交给我的，是在你多年庞大信用基础上所延伸的一张没有消费底线的副卡。

不经世事的我，没有太多的金钱认知，刚开始一切还安然无恙，直到有一次在外吃饭，身上刚好现金不够，才想起有爸爸的副卡可以用。交出卡片刷过的那一刻，突然体会到了巨大的快感，递上这张魔法卡，它就会为世界买单，一切都会神奇地一笔勾销，好开心喔！我想那是我第一次感觉到什么叫作"物欲"。

能有机会在美国留学的年轻人，许多来自富裕的家庭，我也是第一次看到了与以往截然不同的风景（过往我思考的消费额度，只不过是课后学校商店一瓶饮料的消费水平）。有了这张神奇的信用卡，我就像获得了进入梦幻国度的门票，与这群充满消费热情的生命共享着物质带给我们的愉悦。

记得那年暑假，从美国回到家，有一天爸爸约我去办公室，要一起去吃饭。当时您刚好在开会，还没到办公室，我在等您的时候，您当时的秘书，那位看我长大、温柔的阿姨轻轻唤我的名字，拿着一长串纸，小声地说："质灵，这是你在美国读书这几个月的信用卡账单，你爸说请你稍微看一下喔！"然后将那份账单交到我的手上。我还没敢打开来细看，已经吓得涨红了脸，好想找一个地洞躲起来；那账单更是"惨不忍睹"，我知道我花了不少钱，但没想到是这么多钱。而且，我当时才知道原来消费明细爸爸都能看得到。

记得爸爸没多久后就回到办公室，笑眯眯地对我嘘寒问暖后，看着我手上的消费明细说："你看了喔！"我难为情地点点头，您也点点头说："那你知道以后该怎么做喽！"

我多希望我可以说，这故事的结果是从此以后，我就发愤图强，对自己的消费保持着高度的觉察，把爸爸的信任和温暖化为动力，就此跟金钱这个主题说再见。但事实是，那只是我第一次碰触到了"金钱"，对金钱和物质有了初步的撞击，就像初恋一般，这个罗曼史到现在还继续写着，曾经有很多时候，我跟金钱这个"亲密的爱人"爱得火火热热，一转头又如形同陌路。当我跟金钱一起冲到浪尖，觉得自己真的是人生胜利者时，一下又被卷入深海，看着账户数字只剩零头时，觉得自己就像一个十足的受害者，一定是某某童年经历让我如此可怜兮兮。

我在金钱这个话题上做过的功课并不少，该上的工作坊，该写的童年追溯日记，该梳理的扭曲金钱观，我都做过很多，但我总觉得没有真正切中问题的核心。金钱是如此简单又直接，一个人的金钱状态和金钱观可以透析出一个人的许多内在特质和生命故事，所以面对金钱这个主题的时候才会如此胆战心惊，因为在这里，一切都假不了。感谢爸爸在这点上，对我有过最直接且毫不保留的探问，当下感觉不舒服，但回头看却觉得无比珍贵。

现在我和金钱的关系，虽然有我觉得能更理想的样子，但是经过这么多年的清理与回归，我变得不急了，因为我很清楚一切只会越来越好。

爸爸，我现在是个母亲了，我想要学习在适当的年龄慢慢给果果输入正确的金钱观念，让孩子不需要像我一样因为不正确的金钱观而纠结许久。您觉得身为父母，给孩子和年轻生命最重要的金钱观是什么呢？用什么样的方式传递最合适呢？

质灵

质灵：

现代社会，如你所说，金钱是每个人的重要议题，反映了生存、生活甚至生命的能力和状态。金钱也是一种"关系"，这个关系搞不好，和其他关系一样，会一辈子纠缠拉扯，遇见它就有压力，想到它就笑不出来。如果关系圆满了，就是已经拥有，无须再辛苦维持，但它始终都在。所以和金钱的良好关系，并非越多越好，而是够了就好。它就像人的胃，不觉得它存在时，就是运作最好的状态。

先分享老爸跟金钱的关系吧。

我小时候家里不宽裕，母亲又特别节省，尤其是对我（猜想是因为我没父亲可依靠，所以要特别训练），因此童年时期我常觉得匮乏。念小学后，我就开始"自力更生"，没事就出去捡废铜烂铁变卖，换点零钱。后来变本加厉，连家里的铜铁也变卖，最后干脆直接偷拿家里的钱，被抓到就挨揍，却始终改不了，直到10岁时闯了大祸才"洗心革面"。

这段不堪的童年历史，如今回想起来，到底在我生命中留下了什么印记？虽然行为不可取（还好我后来改正了），但在深层意识中"解决匮乏要自己想办法"的信念却成为我在金钱关系上的资产。尤其是中学时期，向母亲要钱，成为我和母亲关系的主要不愉快事件。这让我充分体会到，金钱是可以用来"赎身的"，是可以买到自由的，大大增加了我对金钱的重视和好感。回顾这一段，母亲因为资源不足（也可能是出于某种祖传智慧），在金钱教育上，对我实施"饥饿营销"，虽然过程令人不快，结果还是不错的。虽然如此，身为人父后，我并未继承母亲的金钱教育风格，也没有她铁腕执行的魄力（毕竟我的三个孩子都是女儿）。至于结果如何，只能留给你们去评价了。

上大学住校后，我有虽然不多但仍堪用的定额生活费，加上多彩多姿的大学生活吸引了全部的注意力，因此我与金钱的关系变得较为平淡。就业之后，因为表现不错，我屡获破格升迁，薪水节节高涨，大体上脱离了匮乏。就这样，十余年时光，我的人生始终有更重要的追求。金钱不是我的烦恼，也不是首要目标，关系算是相当不错。

你信中提到高中时在美国第一次感受到"物欲"的威力。我记忆中自己的这种的初体验，发生在念小学时。那年台北首度出现百货公司，母亲也赶时髦带我去逛。我被琳琅满目的商品弄得眼花缭乱、兴奋异常，但逛一阵子后，就有股莫名的焦虑涌现，让我想要赶紧脱离商品争奇斗艳的现场。至于到底是欲望的本身，还是欲望无法满足造成的焦虑带我逃离了那家百货公司，一直是个谜。总而言之，那时候小小年纪的我，完全承受不起这种物欲爆棚的冲击。如今回想起来，你高中出国念书时，爸爸给了你一张副卡，无论出于便宜行事还是内疚的补偿心理，应该都不是很负责任的做法，还好没有因此让你养成不知节制的习惯，算是我的幸运吧。

我真正感受到物欲冲击，是 30 岁到美国后的近五年时光。去美国前，我在我们台湾属于高收入者，好歹算个中产阶级。没想到去美国后，立即堕入"半下层社会"，感觉自己变成了社会边缘人。美国是一个超级消费社会，如果要做穷人，那可不是一个好去处。我在美国住一段时间后，被那里的环境弄晕了头，居然开始做起了发财梦，结果是做了一堆蠢事（包括经营了一家便利店，买了一片沼泽区的地产），"赔了夫人又折兵"，留下梦醒后的懊恼。

和金钱关系的另一次大修炼，来自我创业初期。创业资金只烧了半年就见底，从此开启了长达五年的借债生涯。迫于公司生存危机，当时我满脑子都是钱，每天起床就想着到哪里去找钱，整日想点子如何赚快钱。可想而知，脑子当然又被钱烧坏了。那段时期的我，无心做实事，才华无所发挥，理想更被抛诸脑后，直到苦够了仍无处可逃，才终于清醒过来。

这两段人生经历，为我留下一个重要体悟：要跟金钱把关系弄好，人一定要活得比钱大，一定不能让钱比人大。钱要是变得比你大了，就会把你压死，让你动弹不得。钱比你大，你就得费劲追着钱跑，怎么追都追不到，就算追到了，代价也会大到不值得。你活得比钱大，才有机会活出更好的自己，发挥天赋、恪尽天职，吸引别人跟你在一起。人聚集起来了，钱自然跟着来，水到渠成，全然不费工夫。

有了这样的体悟，我开始把金钱视为个人价值的重要指标（当然只是之一而已）。如果你有能力做别人需要的事，做到让别人完全满意，金钱的回报会是一个重要的"客户满意度"指标，比别的指标更加客观精准。金钱不应该是做事的动力，但可以作为衡量结果的指标。能够这么想，我们就可以重视金钱，但不被它迷惑和驱使。

作为价值的指标，金钱回报可以多多益善，但从需求的角度，则应该够了就好。在现代消费社会中，金钱这门课并不容易修，能以身教让孩子早早养成正确的金钱观，必将受益无穷。

关于财产和子女的关系，爸爸有件事愿意在此分享。大约二十年前，我有一笔重要的资金入账，听人建议成立了家族基金，因此必须写下遗嘱，决定身后财产如何分配及运用。当时基金管理机构派了一位经理来指导我写遗嘱，这位仁兄十分专业，会追根究底地问遗嘱的每一位受益人，如果届时已往生，尚未分配完成的财产要如何分配……

我在这个过程中，产生人生无常的深深感受，就问这位仁兄，是否亲自参与过遗嘱的执行，是否见过那些受益人，能否说说他的感想。他的回答是：受益人的共同特征是，都活得没精神。我问他为什么。他说：因为立遗嘱的人都希望受益人的人生不要有风险，所以挖空心思给他们安排没有风险的人生，结果削弱了他们打拼的动力，剥夺了他们品尝人生滋味的机会。他的结论是：这些人出于爱，却做了很残忍的事。

这一席话，让我触动很深。从那以后，就时常跟你们三姊妹说，老爸只负责教育，你们读完书后，一切都得靠自己。因为我不想剥夺你们从匮乏到丰盛的体验，剥夺你们修炼与金钱的关系的机会。

至于如何带给孩子正确的金钱观，还是那句话，做比说更重要。如果你自己活得不自在，与孩子的关系不亲密，孩子不想跟你一样，无论怎么做，对孩子也不可能有影响力。

爸爸

第 27 封信 | 成为一个完整的"人"

默蓝的信

爸爸：

我很庆幸自己生在 21 世纪。相较过往，我们所处于一个善待女性的年代。以西方世界的进程而言，经由好几波女权运动不断推进之后，女人终于获得了投票权，并且可以参与"正式"的经济活动。东亚各个国家显然也深受这几波女权运动的影响。

当然，社会对于女性仍然有诸多显性、隐性的制约，有待进步。身为女性，我也多少经历过一些针对女性的歧视与骚扰。不过，无法否认，以善待女性而言，当代社会已经前进了好长一段路。

爸爸，我想，你对于社会压迫女性的历史非常熟悉。在女权的话题架构当中，女性永远是受害者，而男性则是父权体制背后的最大受益者。

不过，我有时怀疑，故事真的有这么简单吗？一方面，我看到，性别不平等让男性可以在权力和财富上占有优势，能够限制或是迫害女性；另一方面，我又想，看似是赢家的男性，在这个父权的架构之下是否可能也付出了不小的代价，默默地接受了一些更难以看见、难以言语的压迫呢？

说到这里，我们先回头看看女性人生选项的变迁：过往，传统社会对于女性的要求就是打理家务、生儿育女，其余"什么事都别做，在那儿漂漂亮亮的就好"。对于女性而言，最重要的事情就是要长得漂亮，嫁个好人家，获得丈夫以及夫家的认同，得以分享另一半的社会资源和地位。如今，现代社会允许女性参与职场，对于女性的才华相较于过往也算多有褒奖。同时，以上所述的传统结构却也还在持续地运作当中，某种程度上对于女性是个束缚，也在某种程度上是一个"保底"的 B 计划。无论如何，现代女性大致上确实有两个不同的人生选项：进可拼命于职场，退可做家庭主妇。

反观，我总怀疑父权社会对于男性的要求至今仿佛依然原封不动，被多数人默认为是天经地义，少有受到挑战。男人从小被教导必须做一个男子汉，不许哭，无论是肢体上还是心理上，都不许表示伤痛。他唯一受到允许的情绪是愤怒。而在好莱坞所引领的流行影视文化当中，更是处处将暴力描述为这种愤怒最"光荣"的表达方式。男生必须要高大强壮，负责养家糊口。男人没有退路，必须要强，必须要会赚钱、谋取地位。要做男人，在才华和赚钱方面似乎不得有喘息空间，少有"什么事都别做，在那儿漂漂亮亮就好"的选择。

话说，我这辈子从来没有见过你哭。无论面对他人流泪、责骂还是嘶吼，你一向只是面无表情，或是一副不当一回事的样子。我也曾听你说过，你时常无法理解他人的泪水；见别人流泪，会让你手足无措，甚至是看不起，认为是软弱的表现。

不知道爸爸是否曾经体验过难过、受伤，需要旁人关心呢？若是如此，对于这些感受和需求，你是如何应对或表达的呢？

不知道你是否认为男性应该被当成提款机，必须有求必应？

我也听说过，有些男性退休了以后，会突然难以适应。毕竟，他们大半辈子都在赚钱，竞争于职场，一旦卸下了这个职责之后，他们赫然不确定自己的定位何在。

爸爸，不知道你除了会赚钱、在事业上受人敬重之外，觉得自己在家庭或是社会中的价值和角色是什么呢？

你觉得，作为一个男性的体验如何？

默蓝

默蓝：

你关心爸爸身为男性的人生处境，让我特别感动。表示你已经不把爸爸只当爸爸，开始把爸爸当"人"看待了。这是我们父女关系的大跃进。我很乐于跟你分享爸爸的男性世界。

身为你奶奶的儿子，我是完全按"祖传秘方"被教养长大的。作为男孩，当然要坚强、要独立、要有本事、要光宗耀祖，不能哭、不能服输、不能情绪化、不能显露软弱……每个小男孩都是被这样养大的，因此大家的价值观和行为模式都很一致。家里教的，也就是小男孩团体中被认可的。更重要的是，小女孩们也认为"男孩就应该这样"，如此就形成了足够的诱因，让我们从小就老老实实学习"男人该有的样子"。

长大成人以后，"男性气概"仍不断被增强。在学习或工作的竞争中，男性气概总是占优势、被认可，并且得到最多。在男性团体中，无论是小男孩或油腻中年，总是不自觉地贬低女性、物化女性，以能吸引甚至占有更多女性作为"真爷们"的表征（包括夸大性能力），彼此吹嘘，绝不认怂。在男人的世界里，这一切似乎都理所当然，没人觉得有问题。

你老爸既然是在这样的环境中长大的，身为一个男人的"德行"，可想而知。直到中年后期，才发现自己周围很多成功的男人，人生并不圆满。觉得生命应该不止于此，才发现自己作为一个"纯爷们"，错过了太多人生的滋味。

我发现自己在亲密关系上，包括夫妻和亲子关系，始终未曾深入彼此的生命内核。我和男性朋友可以自在敞开、无话不谈，但在亲密关系中却充满了"雷区"，小心谨慎、如履薄冰，必须绕道而行，既不自在又不亲密。其中重要的症结，正如你所知道的，是面对异性情绪爆发时，就会不知所措，陷入恐慌，想要立刻逃走。之所以这样，主要的原因，可能是男孩被养大的过程中不允许表达情绪，尤其是"软弱"的情绪，因此关闭了很多情绪的开关。我后来发现，很多"情绪开关"是相互连接的。譬如说，如果关上了哭的开关，可能笑的开关也受波及，就不会真正地笑了。如果不会哭不会笑，自然也无法体验悲伤和爱的感受。你说没看过爸爸哭，我自己也不记得上次哭是什么时候，记忆中，自我成年以后，哭没超过十次。

印象最深的，是你奶奶过世。她卧病在床，我忙着张罗各种就医；她临终前，我床前守夜，随侍在侧；她往生后，我负责安排后事……整个过程，我都忙着做事，内心有一种肃穆沉重感，却没掉一滴眼泪，不是忍住不哭，而是没有想哭的感觉，好似情绪系统里搜寻不到"悲伤"这两个字。这种状态，我自己也十分震惊。当然我熟知佛学理论，知道人在往生时，正经历着生死关头的考验，亲人悲伤不仅没有帮助，还会造成干扰。但问题是，母亲是我此生最重要的亲人，也是最爱我、为我付出最多的人，她的往生，为什么我不悲伤呢？难道我的境界如此超脱？显然不是的。

注意到自己在情绪体验上的失能，我发现自己童年的"求生模式"，比较偏向于"超理智"状态，认同理智是强大的、情绪是软弱的，刻意忽略并压抑渴望爱、关心和包容的需求。长大成人后，一直用"使自己强大"作为满足需求的手段，但同时否认自己有这些需求（那样就不够强大）。因此发展出充满矛盾的情感模式，无法真实、放松、自在地体验情感关系，也不知如何面对别人真实情绪的流露。身而为人，这样的状态，显然是不完整的人生。

有这样的了解后，我花了十余年时光，反思、修正自己的个性，尽可能地放下对"强大"的执念，设法让自己变得比较柔软、有感受，让自己除了能"设身处地"外，也能"感同身受"。

在这过程中，我自觉内在产生很多变化，但仍有长路要走。至于周围亲近的人如何看待我的变化，你比我更有发言权，不用我再多说。

当然，我个人的经历，不能代表所有男性。但就我的观察，跟我同时代的许多男性，一生追求的就只有"我厉害"三个字，除此之外，乏善可陈。如今我眼见许多曾经叱咤风云的老友，都活在孤独里。他们一辈子为"对"和"赢"而活，身披盔甲四处征战，把战利品分给周围的亲友，如今那些亲友都躲得远远的，因为他们太对、太强了，靠近他们很不舒服。当初让他们成功的强大气场，正是如今"众叛亲离"的原因。

每逢看到这番光景，我都有一种悲凉的感受。因为这一代的男人，是用传统观念教养长大的，他们以为自己努力奋发，就可以享有父辈晚年的同等待遇。没想到时代改变太快，等他们老了的时候，发现自己的老婆跟妈妈不一样，自己的儿女跟自己不一样，孝道和妇德都已式微，自己成了时代的弃子。这种悲剧式的命运，主要原因是，时代改变了，而他们没有改变。

成功者的命运尚且如此，失败者就更可想而知了。男人没有 B 计划的选项，只能"不成功就成仁"。一个男人不够强大，从小就会被同辈欺负，被异性鄙视，被亲族指指点点，被社会唾弃，一辈子挫败自责、愧对列祖列宗……简直生无可恋。如今的中青年男性，正在面对更大的时代变迁。变迁的源头，始终是科技带来的生产方式和生活形态的变化，导致价值观和男女角色的解构。最重要的两点，是男人的体能优势不再重要，女人则从生育的捆绑中解脱。你的观察很正确，女性正由传统角色中走出来，多数男性却仍被困于传统角色中。这的确是个问题。

这问题还有另一个方面，就是在少子化，尤其是独生子女的情境中，许多女孩被当作男孩养，刻意压抑她们的女性特质，教导她们模仿男性特质，承载着"望女成龙"的亲族期待。这些女孩长大后，表面上是成熟女性，骨子里却是"纯爷们"，成了十分特殊的"第三性"。这也是当今社会一个特殊的议题，举目可见的难解案例相当多。

因此，不难看到，在职场中，很多男人不承认女人比自己强，不愿"屈居"女性的领导，造成组织效能的损失。更严重的，是在夫妻关系中，男人无法接受伴侣比自己强，因此造成大量优秀女性失婚，或陷入不幸福的无解婚姻状态。

你问我对这诸种状况我们有什么可以做的，我的答案只有一个：大家都要重新学习如何做男人和女人。把原来被扭曲的、不合时宜的角色设定，进行全方位的自我审查和修正。更重要的是，新时代的父母必须全面更新传统的男女有别的教养观，导入"全人发展"的教养方式。也就是说，在接受男女有别的前提下，培养刚中带柔、柔中带刚的未来新人类，其实也就是太极图中的"阴中有阳，阳中有阴"，这才是真正的正道。怎么做？当然就是靠你这一代的父母以身作则，先审视和修正自己被植入的性别僵化模式，让自己成为一个完整的"人"：内在阴阳平衡，外在阴阳协调。这样的父母，才能养育出适应未来的新人类男人和女人。

爸爸

第 28 封信 | 修习"欢喜心"

质灵的信

亲爱的爸爸：

想跟您分享我最近对苦的体悟。

因为小时候的生命历程，让我对创伤与苦有很深的感受，从小我就需要学习如何应对伤害和在痛苦中快速恢复。生命第一次强烈地对生命提问，是七岁时哭红了双眼抬头对着天大喊："为什么？为什么我要被生下来？"如今回想，依然历历在目，更是好奇为何当时在生命最无助的时刻，幼小的我会抬头问天，似乎是冥冥之中感觉有一个至高无上的存在，安排着这一切的发生，但是我不知道它是谁，也不知道这一切的安排有何用意。

成长的过程中，我看着苦在我的生命中以不同的方式显化着，在身体上、面相上、健康上、情绪上、待人接物上，等等。过往我对苦的想象是，苦就像是沾在美丽白色洋装上的污点。

我对待苦的方式，是试图找到这些污点出现的原因，还有消除它的方式。人生的最大成就感建立在把某些污点洗净，直到看不出来曾经沾染过，然后可以放松自在地认证自己已经"洗清过往，恢复正常"。对于某些洗也洗不干净的污点，就赶紧在污点上缝个口袋把它遮住。

过往的好几年，不论我学习了多少方法和知识，我的目的只有一个，就是洗掉污点或挖掉阻碍我的烂疮，让我越来越干净和正常。但是让人毛骨悚然的是，不论我自认清理掉了多少创伤，多么用力用各种世俗成就来掩盖我的痛苦，我终会不时地发现原本以为洗干净的污点会慢慢地再次浮现。我对此的反应通常是震惊，我总自问：这个情绪 / 痛苦 / 反应已经过去了，为什么又来找我了呢？我以为我已经可以成熟而冷静地面对某些事了，但是我居然还是会中箭落马。

殊不知在这个过程中，我加诸了满满的自责在自己身上。原来这么多年看似在自我疗愈的行为中，其实从没有好好陪伴过自己，反倒是对自己的冷暴力与霸凌，迫使自己过上一个成熟、健康而正常的生活。

我很感谢生命的苦，无论我怎么掩饰和躲藏，它们总是会找到我，苦口婆心地告诉我，它们从来不曾离去过。不论我爬上了世界最高峰，下潜到海底最深的海沟，或是成为世界上最知名、最有钱的人，不论我有任何伟大的目标，不论这些目标最终达成与否，它们都会忠心地守候着我。不论我有多少朋友相伴，它们都会在朋友离去后的夜深人静中前来拜访我。

这几年我才终于明白，原来它们会一直都在，因为它们是我的一部分。我不需要再挖、再清和再逃，我要做的只是欣然地接受。所有向外寻求的方法都不会真的填补起那个深不见底的黑洞，甚至更糟的是，洞越补越大。但是在深深地接纳了苦将伴随我生生世世的时候，我觉得好像有一块巨大的石头从肩头落下，甚至难以置信的，幽默感会油然而生。我似乎可以轻易改变自己对苦痛的看法，而改变看法，正是缓解痛苦的有效方法。

如果我对苦和乐没有分别心，不对各种情绪贴上标签，我就可以在最悲伤的情绪中体验到炙热与顿悟，也可以在欢乐的体验中看见空虚和恐惧。如果我对苦和乐的心态都是一样的，我可以更自在无惧地过每一天，能好好享受孩子大哭的片刻，因为下一秒她也许就会再次天真地笑起来

这让我更珍惜那些积极的片刻，因为一切都是会过去的，而让人难忍的片刻也将不再像以往般难忍，因为任何处境都有我可以学习和珍视的地方。

最重要的是，因为有苦，我才始终有源源不断想要解脱的

渴望。这个渴望不会让我在日常生活中滞留，好像有一条金丝线始终牵引着我，让我别忘记要活出灵魂最美最有光的样子。

亲爱的爸爸，虽然以上都是对近年体悟的简单论述，但都是女儿在一个个无法入眠的长夜，或满是不安全感的畏缩中的体验汇聚而来的灵光乍现，当然，其中的感受也发生在极度幸福的片刻中。

谢谢爸爸对生命不停歇的探寻，直视自己的苦和不堪，并邀请我们三个女儿和您一起勇敢地探索自己，所以给了我丰富的资源和空间去陪伴自己。

最近我开始感谢自己。感谢自己只是好好地活着；感谢自己一路支持自己到现在，不论经历了什么都永不放弃；感谢自己的身体和每天所做的一切。即使是过往看似鸡毛蒜皮的事情，我都试着感谢自己。

我第一次惊讶地发现，原来我一生等了最久的一个感谢，是来自我自己。感谢自己的力量，让我感觉身心轻盈和自由。

爸爸，也谢谢您一生的经历，让您成了独一无二的您。谢谢您当我的爸爸。想想那是多么珍贵而不容易的历程，您也是汇集了一生的苦和美，并在每一个独特的机缘下做了独特的决定，所以我们有机会在此，决定要一起活出真实而炙热的自己。我为此深深感恩。

现在的我总抬头对着天说："谢谢你，让我出生，来到这个世界。"

质灵

（回信）

质灵：

很欣慰你对"苦"有这么深的感悟。你能从苦中解脱，不仅是对自己的救赎，也是对老爸的豁免。因为你幼年时的苦，肯定与老爸脱不了干系。谢谢你，勇敢的女儿。

从事实层面来看，老爸的童年肯定也是苦的。因此过去的我，相当自豪于自己没被苦打败。年轻时读到尼采的一句话："受苦的人，没有悲观的权利。"觉得那就是在说我，从此奉为人生圭臬。

我小时候在受苦的当下，总是忙着"自力救济"，没空咀嚼苦的滋味，反而练就"苦中作乐"的本事，即使知道违逆母命、放胆乱玩必有后果，仍奋不顾身，紧抓着当下的乐趣不放。

经典中有个故事，说一个人被猛虎追逐坠下悬崖，紧抓山壁上的树枝吊在半空中。往悬崖下看，只见深潭中有蛟龙张大巨嘴，又发现老鼠正啃咬他紧抱的树枝……此时抬头却看见树枝上挂着蜂巢，他忍不住伸出舌头，舔一口蜂蜜。

这故事，似乎在形容众生愚痴，但我好像真的这么活着，因为"受苦的人，没有悲观的权利"。

年轻时的我，就这么不把苦当回事。可想而知，虽然没被苦打倒，但也没从受苦中长什么记性，甚至有时明知是火坑，仍一跃而下，还自比堂吉诃德。

就这么胆大妄为地活着，直到三十几岁，在婚姻和事业上同时遭遇重大挫败，受足了教训，才终于学乖，开始学习不再"找苦吃"。从此以后，自觉人生迈入坦途，与"苦"这个字没什么关系了。

但 50 岁后，诸事顺遂，却日渐觉得无聊。曾有人问我"你有烦恼吗？"我说没有。又问"你很快乐吗？"我想了半天，却答不上来。这就是我当时人生的写照：没什么苦，却也没有真正的乐。

直到走上了自我修炼的道路，在一次很深的探索旅程中，我试图找寻自己还有什么"放不下"。后来发现，最放不下的，不是"名""利""权""情"，而居然是"苦"。这个发现把自己吓一大跳：我怎么可能抓住"苦"不放？我不是一向潇洒，事过即忘吗？但不得不承认，在表面多彩多姿的人生景象背后，好像有一层灰蒙蒙的背景，其中暗藏着若隐若现的苦涩滋味。

这就是为什么，即使诸事顺遂、远离烦恼，仍没法真正自在欢喜的原因。

我到底抓住什么苦不放？

继续深挖，追溯到童年，发现自己虽然善于苦中作乐，但其实苦的滋味已经暗中储存于潜意识中，沉淀为生命的背景；再继续深挖，居然浮现出一幅图像：父亲在家中点燃煤油炉引发爆炸而亡；当时母亲大着肚子，而我是肚子里的胎儿。

当时的母亲，新婚燕尔，怀胎待产，丈夫在自己眼前惨烈身亡。她感受到的惊吓和悲痛，可想而知；所产生的绝望和无助，可想而知。而这正是我的"胎教"：我在胎儿期就已"与苦共存"，除了尽一切努力否认、忽视它的存在外，难道还有别的办法吗？我对自己的苦（包括别人的苦）无知无觉，我对人的死亡（包括亲人的过世）无知无觉，真正的原因，难道始于胎儿时的震撼经历？这个疑问的答案，很难用科学方法验证，但我相信，极可能真的就是这样。

有了这样的认定，全然面对"苦"，于是就成了我无法逃避的人生课题，如何完整地体验苦，然后活出完全不苦的人生，成了我为自己设定的目标。从此我打开觉察、认真探索、实时反馈，努力修习"欢喜心"，也的确感觉颇有进展。

我发现"苦"是恐惧、悲伤、愤怒三大原始情绪的综合体，如果不面对、不接受，关闭了苦感的闸门，其他的感受，包括许多正面愉悦的感受，也会同时被关闭而不自知。我的感官系统在人生早期被自己如此对待，因而丧失了许多生而为人的感受，必须不断以"戏剧性行为"来增强自己的感受，所以才会明知是火坑仍往下跳，诸事顺遂，仍无欢喜心。

其实古今中外所有的修行法门，都离不开"苦"这个字。儒家说，天将降大任于是人，必先苦其心志；佛家说，生老病死皆是苦；基督教说，人有原罪，当然也必受苦……在人世间，在人的生命状态中，"苦"绝非想象的那么简单。也许承认自己对它的无知，才是最适合的做法。

亲爱的女儿，关于苦，老爸和你一样，经历了"见山是山，见山不是山，见山又是山"的过程，对"苦义"的探索，迄今仍是"只在此山中，云深不知处"。我很高兴你对此深有体悟，咱父女俩可以继续分享，互相切磋。

爸爸

第 29 封信 | 满足需求的喜悦

质灵的信

亲爱的爸爸：

妈妈说我 3 岁的时候就展现出了与众不同的绘画天赋，那时也热爱艺术的她，非常专注地在艺术领域栽培我。从那时候开始到 28 岁，我的生命价值一直与艺术家这个身份紧紧相连，从小就在为报纸专栏绘图、开联展与个展、出国深造就读艺术学院，一路到成为签约艺术家。这个艺术家养成之路走来当然悲喜参半，有荣耀但也少不了苦痛，这也许是因为一切发展得如此理所当然：因为我从小就会画，所以应该被栽培；因为被栽培，所以应该要往这个方向发展；要发展当然应该要发展得好，要有所成就……

这张蓝图画得很完美，但是其中唯一缺乏的重要元素就是一份选择的可能性和自由意志，少了这个，这张蓝图画得再完美，对我来说也是一座"美丽的监牢"。

我很多艺术工作者朋友，他们的故事许多都是千篇一律的父母反对他们从事艺术，因为担心做艺术没有出路，无法养活自己，但是他们依旧还是无法放弃自己的热情，最终走上艺术的道路，而且充满热情与意志力地坚持下去。他们很羡慕我，居然可以在小时候就得到家人支持，栽培我走艺术的路，对他们来说，这是不可思议的。

我其实花了很多年的时间，才用全新的眼光看待自己的成长历程。至今我已经七年没有画画了，身边的许多人都觉得很可惜，因为我是在绘画事业将要跃上高峰之前放下画笔的。但其实我并不是任性，因为我已经想要停下来很久了，我是在不断逼迫自己走下去，直到看到画布和画笔会感到恶心和恐惧的程度，才选择放下的。当时最担心的是会伤妈妈的心，但同时也感到很愤怒，觉得我除了画画以外什么都不会，可是我唯一会做的事情却让我感到如此厌恶，总觉得是妈妈一手造就了我的处境。我没看到其实也是我自己不愿意为自己真心想要做的事情争取新的出路，因为躲在母亲安排的道路后面更为容易，有任何痛苦还可以理所当然地推卸责任，事实是我其实也不知道自己想要的是什么。

七年前放下画笔的契机，是我碰到了纯植物饮食的世界。那个时候我意外知道原来世界上有为数不少的一群人，选择的饮食方式是完全无奶无蛋无肉，不是因为宗教或是道德的原因，纯粹是因为对动物的爱，也是因为地球环境现状的需要，以及挽救人类自身的健康。第一次接触到这个领域的时候，我那失去温度很多年的心，居然慢慢回温，隐约渐进地找回了跳动的声响，我突然发现自己初次对一件事情有了好奇与热情，我每天都渴望了解更多。在这个过程中，我也唤起了深埋在童年的记忆，想起自己在很小的时候就很喜欢动物，对环境议题有着强烈的感知，一直很想要探索更多关于环保的领域，画布上画的也满满都是动物。

我的心很确定我想回应内在的需要，但是不否认我同时很害怕放弃已经非常安全已知的艺术道路，但是被燃起勇气的心，对感受更加敏锐，我必须鼓起勇气诚实地做出我认为重要的选择。而且我知道，如果我继续走原来的路，我的不快乐将不再只是影响我自己而已，也会影响周遭的人。

我那时已经 28 岁了，改变道路去做一个自己一点也不熟悉的事情，我很害怕。我当时选择的切入点是深究和练习纯植物性的料理，研究怎么可以让无肉、无奶、无蛋的料理依然美味不减，甚至让人感到惊艳，让餐桌从此零残忍且健康。

我厨艺不差，但是这个转换绝对充满挑战。我当时尝试做出的纯植物性料理让人心灰意冷，有一次我甚至做出了吃下一口都快要呕吐出来的食物。身为一个热爱美食的挑剔鬼，我的纯植厨艺让我受尽苦头，在外不好找食物也让我觉得很有生存危机感。

但是没有想到这七年下来，我并没有用力坚持，如今却默默走过来了。我现在在各处为身心疗愈静修营提供纯植物性的疗愈料理，备受欢迎，还被邀去不同地方分享健康的料理方式与独到的饮食观，甚至还做了几次生态环境与饮食相关的讲座。这真的太不像我了！我曾经是一个做事情三分钟热度，能偷懒就偷懒，能去玩就选择去玩的人。回想自己为何可以就这样坚持下去，发现是因为这件事情的意义由心而出，且如此重大；我与这条道路的连接不是经过大脑思考分析评估，也不是因为做这件事能为我赚多少钱；我第一次很想要成功，希望所做的事情获取成功不关乎个人的成就，而关乎给出了这个世界的需要，我所做的事情让我看到了自身价值，这是我从来没有体会过的。

最近，我有机会回到了妈妈依然为我保留的画室，去看看那些被尘封已久的画布和颜料。与艺术拉开了足够的距离后，我居然第一次有了全新的领悟，眼眶一湿。我看见妈妈栽培我的心其实很单纯，只是因为她热爱艺术，知道我有天分，所以她想要把她认为最好的交给我，想让我无后顾之忧地创作，她愿意不顾一切地支持我成为一个艺术家，不需要像世间大部分热爱和从事艺术的人一样，需要面对更多的质疑与反对。

我现在体验到，为自己的选择负责，做事保有纯粹的起心动念，所做的结果不只关乎自己的利益，更包含他人的福祉与需要时，原来心可以不费力，生命可以充满动能与热情。我知道我没有好好珍惜自己之前充满资源的艺术生涯，艺术绝对是传递爱、真挚与奉献的美好媒介，但是我没选择那么做，而是花时间怪罪和专注于自己的痛苦。

有了这份感悟，我很感谢妈妈在我年少时用心培养我成为一个艺术家。这件事保有了我的纯真和天真，我有很多年的时间可以无畏地探索想象力的世界，练就了一双有审美经验的眼睛，一双有创造力的手，和一颗细腻敏锐的心。画布已拓展成了生命本身，颜料已成为我的血液，我的成长经验让我可以带着艺术家的标准去完善每一件我渴望深入的事情。

这些年的练习下来，我体验到每一件发生的事情在我生命的旅途中都留下了印记，只要我愿意，就可以将其化为我需要的养分；更体验到了自己是整体的一部分，我中有整体，整体中有我，当我所做的事情与整体合一的时候，动能、热情与爱将源源不绝。

看到这里，爸爸是否会说："我早就跟你说过了吧！"

换爸爸说说吧。你女儿我，是自己不去活一遍就很难学会的，但是爸爸总有超能力，可以把所有的事情都梳理得清清楚楚。我想听听爸爸聊聊，究竟什么是成功？我们为何工作？什么样的起心动念和动力可以带我们走得最长久？为什么当我的工作满足别人的需要时，我会感觉到来自生命深处的喜悦，可是为何世界上的大部分信息又不是这样教育我们的呢？

质灵

（回信）

质灵：

你把自己的心路历程整理得如此清楚，接受并感谢过去，找到属于自己的方向和意义，爸爸很欣慰。真心的恭喜你！祝福你！

人能找到自己愿意无怨无悔做一辈子的事，是很难得的。孔老夫子所谓"求仁得仁"，不外乎此。这件事，如果是别人需要的，又是自己擅长的，那就可以称之为"天职"。人有机会尽天职，是非常幸福的。

找到天职，需要勇气和坚持，过程往往充满曲折与困惑，因此大多数人一辈子都错过，没机会尽天职。我自己目前正在做的事，是不断修正和分享自己的"活法"。开始做这件事后，我很清楚地知道这就是我的天职，当时我已经 65 岁了。你比爸爸早了三十年，所以才特别恭喜你。找到天职的感觉，是知道这是自己一直想做、该做、必须做、可以无怨无悔做一辈子的事。这种感觉，我相信你一定有共鸣吧。

在找到自己的天职之前，我做了 7 年教育义工，花了 25 年经营媒体，做记者编辑近 10 年，还修了文法商 3 个学位……回头想来，这一切，都是为了准备好自己，让我有机会做好现在这件事，一点都没浪费。所以我完全了解你的心情：在找到天职之前，一切发生都是该有的旅程。就连孔老夫子，也是折腾了大半生，直到六十几岁才回老家传道，尽他的天职，成为万世师表。我等凡夫俗子，何其有幸，能以他老人家为榜样！

我很感谢自己的母亲，她不识字，也没有意图要发掘我的兴趣和天赋，但她和你妈妈一样，希望孩子完成她未完成的愿望：多读书，做个有学问的人。至于我自己呢，表面上没有什么愿望需要孩子去完成，但内心深处其实也有。我觉得自己小时候不够自由、不够开心，所以希望自己的孩子能够自在开心过一生。如今回想，这也是执念。孩子们选择什么样的人生，还真不是我可以插手干预的。

父母希望孩子能拥有自己所缺失的，是普遍心理状况，很难避免。有的父母对孩子期望很深，有的比较放任，其结果也有好有坏，很难论断。但总而言之，如果因此造成孩子困扰、父母挫折，或造成了彼此关系的障碍，在我看来，均属执着，没有必要。现代父母还普遍重视发掘孩子的热情和天赋，把这事视为自己的责任，无所不用其极，在我看来，这也是过犹不及。谈到工作这件事，我认为"需求"的重要性，远远超过兴趣和天赋。天赋潜能是可以开发培养的，兴趣热情则难免缘起缘灭，只有需求才是硬道理，能经得起长期考验。

从本质上看，生命的维持必须有进有出，需要输入，也需要输出，学习是输入，工作是输出。不为别的，只为生命状态的维持，人就必须学习和工作。没有输入和输出的生命，是滞怠的；只输入不输出，是没力量的；只输出不输入，则缺乏滋养……人为什么需要工作？最简单的答案，是生命本身就需要工作，工作是生命本然的需求。

从工作的本质看，"需求"这两个字就更关键了。人的物质和精神需求，必须通过工作取得；工作的成败，则取决于是否满足别人的需求。

我喜欢把需求分为"真实需求"和"衍生需求"两大类。"真实需求"的特点，是必须且重要，得到了能产生满足感，但不会上瘾似的继续追求；"衍生需求"的特质，是非必须或不重要，得到再多也无法真正满足，还会不断跟别人比较，强迫性地没完没了。

　　一个人的工作，如果能持续满足别人的真实需求，别人一定愿意付出金钱来交换，就不可能陷入物质匮乏。如果工作同时能满足自己的精神需求，就会产生意义和幸福感，可以用欢喜心走长路。一个人找到了这件事，正在做，而且用心做，一次比一次做得更好，对我来说，这就已经成功了。让成功由小变大，不过就是时间的问题。能这样做的秘密，就在于：同时满足自己和别人的真实需求。相比之下，所谓的兴趣和天赋，都只是锦上添花，并非关键。你正在做的事，涵盖了仁慈、环保、健康、美味，这些都是人的真实需求，而且未来必然越来越需要。我也知道做这件事所带来的意义、满足和价值感，都是你在精神上的真实需求。而且这些年来，老爸每次吃你做的全素料理，毫无例外，都体验到味觉上的惊艳。所以我知道，你找到了自己的天职，已经走在成功的道路上。

　　虽然比你晚了三十年，但老爸十分庆幸自己也能走在同一条路上，所以完全了解女儿的心。咱父女俩都是人生的幸运儿，真是太难得了，感恩老天的成全！让我们一起带着感恩的心，尽自己的天职！

爸爸

第30封信 | 意义是"活"出来的

默蓝的信

爸爸:

15岁那年的冬天,我得了季节性抑郁,数月不见好转。在这几个月之间,我对世上一切的愉悦毫无兴趣,五感六觉皆丧失了功能。美妙的音乐、书籍、食物和嗜好,都"食之无味",至于平日就已经需要使点力气才能勉强应付的事情,例如上学或是写作业,就更不用说了。在我所有的感受之中,几乎只剩下"无聊",无聊得发慌,令人窒息。

那年冬天是一段黑暗奇妙的隧道。我独自行走在隧道之中,不知通往何方。能否看到一线光明的裂隙?前方是柳暗花明,还是无限荒芜?生命仿佛成了鸡肋,食之无味却弃之可惜。

我不知道为什么要活着,却也没有理由死去,进退两难。因此,我处处搜寻人生的意义。到底为什么要活着?我暂且得到了三条结论:

1. 生命没有意义。在学校，老师给我们阅读阿尔贝·加缪的《局外人》。结局中，主人公经过一连串荒谬无谓的事件之后，躺在大牢的地板上，静待死刑，思索生命的虚无。这个结局有许多种诠释方式，而我呢，从中看到了生命没有任何意义，没有任何必然的意义。

我松了一口气。

生命不需要有任何意义，而我对于生命意义的急切追求则是一种执着的捆绑。生命就只是人活着的状态，一片空白，而空白便是它最极致的美。既然一片空白，它便可以任由我定义、塑造。生命不是属于哲学的，也不是属于神权还是励志小说的，是属于我的。如此一想，心中的乌云密布终于降下了美妙的甘霖，天际展开了。

2. 生命的意义是"爱"。谁知道，也许生命还真有一个必然的意义。要是如此，我认为它是爱。这件事，我无法论证，就是个单纯的感受。

回想过往，我一向埋头读书或是提升课外表现，讲究效率和专注，较少想到要和家人相处。为了减肥，我不敢吃晚餐，频频错失每天少数能够和全家人团聚的机会。然而，在抑郁的低迷之中，当一切都食之无味，而我也已经不知道为什么要读书、要追求任何事物的时候，我却在晚饭时刻坐到了餐桌前，不为什么，就只为了能够和家人在一起。

在这期间，能够和家人相处仿佛是乌云边上一丝细细的金线，是我唯一相信自己会选择活下去的原因，因为至少我还感受得到温暖，感受得到爱。当一切都烟消云散时，我看见世界上只剩下爱，它是唯一真实、重要的事情。

3. 无论生命到底有没有意义，我还是在这儿闲晃一回吧。生而为人，就像是收下了一张游览迪士尼乐园的一日票。我不知道上天为什么送了我这么一张票。我好像没有特别喜欢这里的游乐设施。当其他小朋友成群结队地四处玩耍、嬉闹时，我一人在边缘游荡，走走停停，不知道为什么会出现在这里，也不知道为何要待在这里。要不，提前离开？然而，我知道这张票只有一张，出去了可能便再也进不来了。时间也没多久，干脆一探究竟。

爸爸，对你而言，生命的意义是什么呢？我猜你准备要说，生命的意义就是"修"，我猜对了吗？

默蓝

默蓝：

我记得你念中学时，有段时间常面无表情、不太说话。直到今天，我才知道发生了什么。可惜那时爸爸不够关心你，我们不够亲近，没能在你人生的低谷时刻陪伴你。是爸爸失职了。

你对人生意义的三种解读，与我如今的了解非常相近，看来你的悟性比爸爸高太多了。

我念初中的时候，生命状态十分躁动，在家常惹母亲生气，在校常跟同学打架，血气方刚，荷尔蒙乱窜。男生的青春期，不只是黑暗隧道，不只是无聊，简直是一团混乱、刀光剑影。看来男生真比女生晚熟。

念高中时，我才开始在精神上有追求，也读了不少中西古典名著。那时西方流行的"存在主义"传到我们台湾，中学生也跟着凑热闹，在校刊上卖弄些艰涩的哲学概念，其实既无感受，也不知所以然，只为表示自己有深度（那时我也读了《局外人》，但体悟不深）。

念大学时，发掘生命意义成为我的人生主旋律。我在校园活动中寻找，在谈恋爱中寻找，在关心社会中寻找，在书本中寻找，也深入自己的内在寻找。曾经有一度，我觉得自己对生命的本质了然于心、法喜充满，但在现实人生中，仍是处处障碍、寸步难行，完全就是眼高手低。最严重时，甚至陷入精神分裂、生无可恋的状态，觉得自己命如游丝。

大学毕业后，当兵两年期间，被严峻的军纪碾压，生存变成重点；退伍后，找工作、求发展是人生重点；结婚和婚变期间，两性关系纠葛成为人生重点；创业前期的黯淡，使安身立命、"证明自己"成为人生重点；创业成功后，享受丰收成果，春风得意、快意江湖，成为人生主旋律。

直到这一切骚动和绚烂都归于平静，开始无聊空虚了，我人生意义的追求，才终于重返人生舞台。这一回，不再是"为赋新词强说愁"，有人生阅历为基底，又亲身全然投入，终对人生意义另有一番不同体悟。

首先，在问人生有没有意义之前，也许要先问人为什么会追求意义。

我曾经认真想过，人类这个物种，对地球有意义吗？对地球上的其他生物有意义吗？结论是：没什么意义。对地球而言，植物比动物重要，动物之间的生态平衡比意义重要。而人类文明的发展，恰恰破坏了物种和环境平衡，看起来负面意义比正面意义更大。

如此看来，寻求意义，应该只是人类自身的需要。从人类群体发展的角度看，"意义"扮演着一定的功能。你高中时推荐我看的《人类简史》，主张"说故事"是人类文明的重要推手，我非常同意。那么，"意义"应该也就是一个故事。不同时代的不同人群，基于不同的需要，说着各种有关"意义"的故事，用以凝聚人心，也以此互相杀戮。看来，人类文明的发展，的确是需要意义的！

整个西方哲学，就是人类"思考"意义的历史。存在主义的出现，某种程度上终结了这个历史。因为它受到东方的影响，发现用思考去寻找意义，结局必然是虚无，也就是"人生本无意义"。意义感是一种人的体验，是"想"不出所以然的。

存在主义哲学家田立克曾说，人和其他物种最大的不同，是人有三大"基本焦虑"：死亡的焦虑、自责的焦虑、意义的焦虑。人既有意义的焦虑，当然就产生了寻找意义的需求。

心理学家马斯洛把人的需求分为五类：生理、安全、社会、尊重、自我实现。他认为这五项需求的满足，是有先后顺序、循序渐进的。对意义的追求，应该算在"自我实现"这一类中。

这可以解释，为什么你15岁就有意义的焦虑，而我到大学才开始，因为我在这之前都忙着回应其他需求；这也可以解释，我在意义追求上"失落的三十年"，因为那段时间又忙着去满足其他需求了。

我如今的理解，是人在成长过程中，因为寻求身份认同而创造了小我，"小我当家"造成了分裂，分裂产生了恐惧和焦虑。从这个角度看，对意义的追求，是一种面对焦虑的反应。

你提到的三种感悟，都是解决"意义焦虑"的重点。

其一，空性。小我把头脑里的念头和因而引发的情绪，当作生命的全部。它只能活在过去和未来，无法"锚定"当下，所以一定是焦虑的。通过觉察，日益放下小我的执着，就能更加活在当下。活在当下就是"空性"，是大自在、大欢喜、大圆满，哪里还需要去追求什么意义？

其二，爱。爱是一种连接的能量，向内可以连接身体、感受、头脑、大我意识，向外可以连接他人、众生、万事万物。爱没有分别心，接纳一切，最后来到臣服、天人合一。爱是一条灵魂回家的路，让小我回归大我，让大我融入天地。回到家后，发现一切本自具足，无须追求，还需要什么意义呢？

其三，全然。你说人生像游乐场，上天送你一张票，你就莫名其妙地来了。我宁愿相信，这张票是自己买的，而且还排了很久队才买到。问题是：我忘了要来这里玩什么，也忘了如何玩才开心。我是来这里找回记忆的，只有"全然"投入，让每一件事都"好玩"，才能通过体验、重新忆起：原来我是上天的分身。人生如戏，应如是观！在这场戏中，意义没有角色。

最后，我要说，如果追求意义有助于你体验人生，那没什么不好；如果感受到意义焦虑，失去了生活动力，那也没什么不好。因为，意义焦虑，只是在提醒你，目前并非处于安住状态。面对意义焦虑而不逃避，是一种勇气，有助于人生突破。

爸爸

后记

读完我和两位女儿六十几封来往书信，有人会拿来与自己的父母对比，有人会拿来和自己的孩子对比；有人会对某些段落心有戚戚焉，有人会对某些陈述不以为然。这些都是必然的，但不是这本书的重点。

本书想展现的，不是内容，而是态度；想探索的，不是答案，而是可能性：亲子之间真实敞开、彼此好奇的可能性；亲子之间去角色化，成为共修伙伴的可能性。

我和两个女儿的关系，原来不是这样的，至今也不完全是这样的。但我们都有意识地这么做，走在这么做的过程中。

身为人父，我在这个过程中，尝到了和女儿互相滋养的幸福与满足感，放下了许多未经检查、没有必要的认知和担心，也明显感受到父女相处越来越自在。更不可思议的，是和女儿共修的过程中，我自己有显著的成长，甚至疗愈了若干童年创伤。

我知道这是难得的，因为在快速变迁的当今之世，亲子两代犹如活在两个世界。除非彼此都有肚量，愿意放下角色束缚，设身处地、感同身受，否则不可能有共同语言，遑论沟通无碍。为此，我对两个女儿充满感激之情。

而亲子关系，恰恰有自动传承的特性。孩子自幼目睹父母和上一代的关系，必然有样学样。因此，与父母关系不好的人，与子女关系也很难好。如此代代相传，可谓兹事体大。我和女儿的关系好了，她们和自己孩子的关系也会好。这好处，将绵延子子孙孙，足以让人含笑而去。

此外，多数人在幼年时期都会形成自己的人生剧本，其中的灵感与素材，多半来自与父母的对待和解读。这剧本最后进入潜意识，在当事人无知觉的状态下，造成日后人生诸多限制和障碍。而亲子深度沟通，当然是破除人生剧本魔咒的有效途径。

基于以上三个理由，非常期待看完本书的朋友们，无论是为人父母或为人子女者，都能以各自的方式，突破原有沟通模式的限制，探索各种不同的可能性。请相信我，只要愿意这么做，一定会有不可思议的收获！

"原来，亲子之间可以这样讲话！原来亲子之间可以这样相处！"那时你也会笑着这么说。祝福你！